U0163162

会呼吸的家：

室内绿植鉴赏与养护

［日］安元祥惠 著　尚游 译

长江出版传媒 Ⓚ 湖北科学技术出版社

图书在版编目（CIP）数据

会呼吸的家：室内绿植鉴赏与养护/（日）安元祥惠
著；尚游译 . 一 武汉：湖北科学技术出版社，2022.9
ISBN 978-7-5706-2016-6

Ⅰ . ①会… Ⅱ . ①安… ②尚… Ⅲ . ①园林植物—室
内装饰设计 Ⅳ . ① TU238.25

中国版本图书馆 CIP 数据核字 (2022) 第 080260 号

会呼吸的家：室内绿植鉴赏与养护
HUI HUXI DE JIA:SHINEI LÜZHI JIANSHANG YU YANGHU

责任编辑：张荔菲
美术编辑：胡　博

出版发行：湖北科学技术出版社
地　　址：湖北省武汉市雄楚大道 268 号出版文化城 B 座 13—14 层
邮　　编：430070
电　　话：027-87679412
印　　刷：湖北金港彩印有限公司
邮　　编：430040
开　　本：787×1092 1/16
印　　张：9
版　　次：2022 年 9 月第 1 版
印　　次：2022 年 9 月第 1 次印刷
字　　数：180 千字
定　　价：68.00 元

（本书如有印装质量问题，请与本社市场部联系调换）

序言

　　所谓室内绿植，通常指适合种植在室内的观叶植物。它们大多数原生自热带或亚热带地区，具有生命力旺盛且易栽培的特点。只要适当地控制温度与湿度，它们在日本的气候环境中也能够自如生长。同家具一样，植物也能成为室内装饰的一部分，用绿意打造出富有生机和活力的润泽空间。

　　布置绿植要考虑诸多问题，比如如何与室内的装修和环境相契合；如何挑选绿植的种类、大小和形态；如何选用合适的花盆；如何选定摆放位置以更好地凸显植物……破解疑惑的过程乐趣无穷，而当植物发芽、开花、逐渐伸展之时，更是有一种细微的喜悦充盈心中。

　　无论在庭院、阳台还是室内，种植植物的基本要领几乎都是相同的。我偶尔会收到一些类似这样的问题——"室内绿植如果放到室外，长势会变差吗？会招害虫吗？"日本四季分明，温度、湿度与绿植自然生长的环境存在些许差异，我们不如反过来思考一下光照与温度是否合适、通风是否良好、所浇的水是否能达到原本雨水或露水的量。在与绿植共度的日常生活中逐步积累经验，学会预测它们的生长走势，随时关注它们的变化。

　　本书将介绍多种精选的人气室内绿植，无论是准备在室内栽培绿植的新手，还是想要增添新绿植的种植达人，都能在本书中找到答案。此外，我会运用我的所知所学及多年养护植物所累积的经验，为大家讲解装饰与栽培绿植的方法。希望这本书能起到些许参考作用，让大家感受到在室内种植绿植的乐趣。

安元祥惠

Contents　目录

本书的使用方法

本书精选人气室内绿植，详细介绍其栽培、养护方法及搭配技巧。

植物名称

标明某类植物或某种植物的常用名或学名。

光照条件

植物适宜的光照条件有全日照、半日照和明亮散射光 3 种。请结合栽培要点进行阅读。

全日照 直接受阳光照射的位置。但是，很多植物对夏季强光的耐受性差，最好避免盛夏阳光的直射。

半日照 不受阳光直射的明亮位置。比如透过纱帘的柔和光线所照射的位置。

明亮散射光 离窗户稍远，但不过分阴暗的位置，也称为半阴位置。

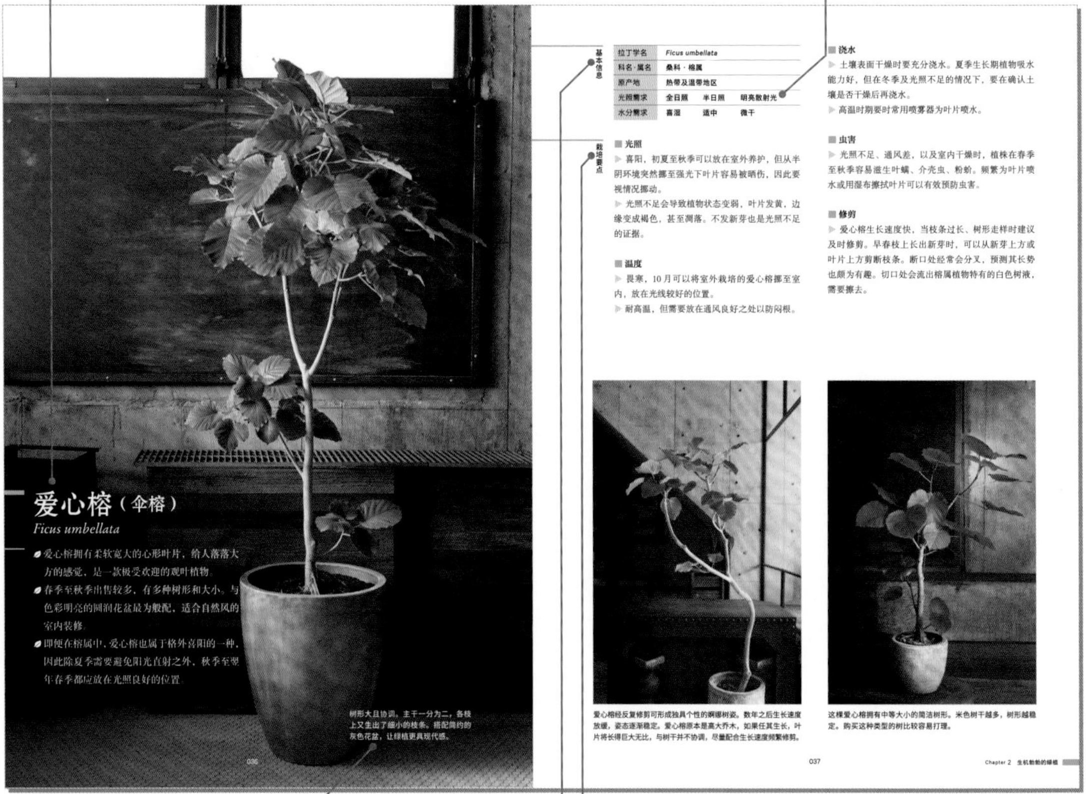

爱心榕（伞榕）

Ficus umbellata

- 爱心榕拥有柔软宽大的心形叶片，给人落落大方的感觉，是一款极受欢迎的观叶植物。
- 春季至秋季出售较多，有多种树形和大小。与色彩明亮的圆润花盆最为般配，适合自然风的室内装修。
- 即便在榕属中，爱心榕也属于格外喜阳的一种，因此除夏季需要避免阳光直射之外，秋季至翌年春季都应放在光照良好的位置。

树形大且协调。主干一分为二，各枝上又生出了细小的枝条。搭配简约的灰色花盆，让绿植更具现代感。

036

基本信息

拉丁学名	*Ficus umbellata*		
科名·属名	桑科 · 榕属		
原产地	热带及温带地区		
光照需求	全日照	半日照	明亮散射光
水分需求	喜湿	适中	微干

栽培要点

■ 光照

▶ 喜阳，初夏至秋季可以放在室外养护，但从半阴环境突然挪至强光下叶片容易被晒伤，因此要视情况挪动。

▶ 光照不足会导致植物状态变弱，叶片发黄，边缘变成褐色，甚至凋落。不发新芽也是光照不足的证据。

■ 温度

▶ 畏寒，10 月可以将室外栽培的爱心榕挪至室内，放在光线较好的位置。

▶ 耐高温，但需要放在通风良好之处以防闷根。

■ 浇水

▶ 土壤表面干燥时要充分浇水。夏季生长期植物吸水能力好，但在冬季及光照不足的情况下，要在确认土壤是否干燥后再浇水。

▶ 高温时期要时常用喷雾器为叶片喷水。

■ 虫害

▶ 光照不足、通风差，以及室内干燥时，植株在春季至秋季容易滋生叶螨、介壳虫、粉蚧。频繁为叶片喷水或用湿布擦拭叶片可以有效预防虫害。

■ 修剪

▶ 爱心榕生长速度快，当枝条过长、树形走样时建议及时修剪。早春枝上长出新芽时，可以从新芽上方或叶片上方剪断枝条。断口处经常会分叉，预测其长势也颇为有趣。切口处会流出榕属植物特有的白色树液，需要擦去。

爱心榕经反复修剪可形成独具个性的婀娜树姿。数年之后生长速度放缓，姿态逐渐稳定。爱心榕原本是高大乔木，如果任其生长，叶片将长得巨大无比，与树干并不协调，尽量配合生长速度频繁修剪。

这棵爱心榕拥有中等大小的简洁树形。米色树干越多，树形越稳定。购买这种类型的树比较容易打理。

037 Chapter 2 生机勃勃的绿植

图片说明

介绍植物的特征和花盆的选择方法。其中花盆的搭配方法较为重要，供您参考。

栽培要点

包含放置场所、浇水技巧等必备知识点。请结合 P30~33 进行阅读。

基本信息

标明了植物的拉丁学名、科名、属名、原产地等信息，以及光照和水分需求。

室内绿植装饰基础

享受室内绿植的三种方式

　　常见的室内绿植有哪些？你喜欢什么样的种类？想把它们放在哪里？去园艺店中探访一番吧。需要优先考虑的事项一般分为以下三种，当三者相平衡时，绿植才会既与室内风格相统一，又能长久而茁壮地生长。

挑选

想要心仪的绿植

⇕

颜值优先型

　　不同的植物有不同的形态，而不同的形态和大小会给人不同的印象。在园艺店中与心仪的植物偶遇，将它们带回家，这种乐趣可谓独一无二。可是买回家却不知道将它们放在哪里，或者胡乱搭配了事这类情况也时有发生。在挑选的时候别忘了考虑植物的摆放位置、装饰方法与生长环境，这些能帮助你更好地享受绿色的室内生活。

装饰

想装饰家中的某个位置

⇕

位置优先型

　　想让无趣的房间变得生动，想打造一片室内小森林，想拥有一个治愈系的空间……室内绿植可以满足你的各种愿望，打造出有呼吸感的居住空间。在选择室内绿植的摆放位置时要兼顾植物的特性与生长环境，才能让植物茁壮成长。如果仅考虑装饰性，把喜阳植物误放在背阴处，则会导致植物生长发育变差。

栽培

想在室内养绿植

⇕

栽培优先型

　　对植物来说，浇水等日常养护管理工作是必不可少的。伴随着抽枝、发芽的过程，植物的姿态每天都在悄悄变化着，观察植物的生长是栽培过程中不可多得的兴味。优先考虑生长发育问题无疑是对植物最好的选择，但出于对植物健康的考量，在植物种类和摆放位置的挑选上就不能太随心所欲。若能先定好装饰的地点再挑选植物，室内风格会更加和谐。

三者平衡才最佳！

装饰绿植

根据室内风格选择绿植与花盆是室内绿植装饰中最有趣的部分。我将按照房间类型分别介绍绿植的挑选技巧，帮助你找到合适的装饰绿植。

客厅

我们每天在这里度过的时间最多，将绿植摆放在这里便于我们照料并关注它们的变化。沙发旁边摆放的粗叶榕是客厅的主角；配角鹅掌藤'丹烁'是根据架子的高度选择的；与矮桌高度相搭的国王花烛喜欢半阴环境，所以放在离窗户稍远的位置。

①粗叶榕　②鹅掌藤'丹烁'
③垂椒草　④国王花烛
⑤锈叶榕　⑥百万心
⑦白粉藤

①羽叶南洋参　②番杏柳
③红脉豹纹竹芋　④端裂鹅掌藤

窗户旁边光照充足，又能借助窗帘遮光，是非常适宜栽培绿植的位置。不过降温时窗户附近容易受冷，所以要注意温度变化。叶形圆润且有气生根的端裂鹅掌藤作为主打绿植，与怀旧风格的家具契合度极高，四周还搭配了一些偏爱透过窗帘的柔和光线的绿植，如南洋参属、竹芋属、丝苇属植物。

④

装饰的要点

仔细观察绿植的特点，思考哪里是你想欣赏、展示的部分，然后再选择一个能够充分凸显其特点的位置吧！如果同时在屋内装点多个绿植，则需要考虑一下室内的视觉平衡，并且在选择绿植的大小、高度、叶色及花盆方面也要多下功夫。

放在坐下时方便欣赏的地方

在屋内，我们通常会悠闲地坐在某处，因此把绿植放在坐下时能够自然进入视野的位置，或者视线可以轻松所及的高度和角度最佳。比如在电视旁边或是书房电脑的附近放一盆绿植，增添一些柔和的氛围。或者就像在墙上装饰喜爱的画一样，在墙上挂上绿植也是不错的选择，生机勃勃的绿植将成为房间的亮点。

为枝条留出生长空间

装饰绿植时很重要的一点是不要让绿植填满你想布置的地方，而是挑选稍小一点的绿植，为它预留出生长空间。不要让墙壁妨碍枝条的延伸，应让绿植自由舒展，散发出生意盎然的魅力。选择绿植时要有意识地考虑装饰位置的因素，比如要摆放在右侧角落，便可以寻找向左侧倾斜的树形，这样能大大丰富脑海中的绿植形象。

偶尔转动方向，
让绿植均匀地沐浴阳光

绿植向阳而生，因此即使决定了摆放位置和朝向，每隔几个月也需要改变一下绿植的摆放方向。若绿植在光照少的地方生长情况略差，可以试试将其向阳光稍好的位置移动。由于绿植不太适应突然变化的环境，突然将其移到向阳处可能会导致叶片被晒伤，而突然持续缺乏光照又可能导致绿植枯萎。所以要观察绿植的状态，慢慢地朝向阳处或背阴处移动。

厨房

在厨房和餐厅之间摆放一棵较大的绿植作为隔断，用植物的通透感代替家具的堵塞感，状似无意地将空间分割开来。由于要确保厨房与餐厅间的移动路线，因此选用了树干富有特色而树叶聚集在上方的柳叶榕，它的存在同时也巧妙地遮挡住了厨房用具。

①多蕊木　②黄茨苇
③红帝王喜林芋　④百万心

用绿植为工作间增添些轻松感吧。书桌旁的这棵树形独特的多蕊木，既干练又不会过于缺乏风趣。将枝叶下垂或四散的绿植吊在天花板上，避免妨碍工作。被心爱的绿植包围，工作时创意也会不停涌现吧。

工作间

卧室

卧室是一块放松身心的空间，在这个开始和结束一天的地方，不妨用绿植来营造一些平静之感吧！在洒满阳光的卧室里种上几盆别致的仙人掌，让空间变得轻快。柱形仙人掌即便多摆上几棵，也依旧能保持利落的视觉效果，而且无须费心照料，只要放在光照好的位置即可。

①秘鲁天轮柱(分枝) ②秘鲁天轮柱
③大凤龙 ④绿玉树

玄关

　　玄关是家里的"门面"。若光照良好，可以在全身镜或小凳旁装饰一些绿植；若光照或通风差，那不如只在来客人的时候装饰几盆。最好用简约的花盆搭配纤细的绿植，如将婀娜的紫叶橡皮树作为主角，用稍高的花盆栽种在全身镜旁边。

挑选绿植

事先了解绿植有哪些种类有利于确定挑选的范围。绿植的枝、干、叶都是具有观赏价值的部位。此外，叶片的形状、颜色、质感等也有一定差异。综合考虑个人喜好与室内风格等因素进行挑选吧。

观枝干型植物

观叶型植物

垂枝型植物

根据观赏部位挑选

观枝干型植物：具有优美的枝干，并在分枝上长出树叶的植物。即使同为观枝干型植物，不同的植物给人的印象也很可能大不相同，如叶片圆润宽大的榕树与叶片细小的鹅掌藤。甚至在同一树种中，有的树形笔直，有的分枝较多，有的姿态婀娜。为了挑选出最为合适的观枝干型植物，最好提前测量装饰空间的大小。

观叶型植物：多为姿态柔和的植物。从根部冒出的众多枝叶形成丰富的层次感。根据叶片舒展方式的不同，摆放方式也多种多样。由于观叶型植物体形多不大，适宜从上方欣赏的可以摆在地板上，枝叶弯垂的则可以摆放在花架上。按照植物的特性与生长环境灵活地改变摆放位置。

垂枝型植物：多为有着下垂枝叶的藤蔓植物。既可置于花架上，也可垂吊观赏，藤蔓的曲线是其妙趣所在。多准备一些承重能力好的挂钩或横杆，时常改变摆放方式给植物和空间增添些新意。想要长期栽培垂枝型植物的一个小窍门是最好将其放在容易浇水的位置，避免增加养护负担。

大且圆润的叶片

小且细密的叶片

根据叶形挑选

　　大且圆润的叶片多带有一种自然、可爱的气质，与简约的装修风格十分相配。大叶植物一般叶片较少，不用经常清理落叶，而且较少的叶片可以更好地凸显枝干，视觉上更显干练。而叶片小且细密的植物随风摇动的样子则既清新又典雅。

深绿色的叶片

浅绿色的叶片

根据叶色挑选

　　叶片颜色丰富多样，不仅有深绿色、浅绿色，还有红褐色、黄色等，气质各不相同，配合装修风格挑选自己喜欢的即可。此外，渐红的叶片和有亮黄色斑纹的叶片能为房间增色不少。有些叶色明亮的植物不宜置于强光下，需要仔细选择摆放位置。

锯齿状的硬质叶片

纤薄柔软的叶片

根据叶片质感挑选

　　硬质叶片给人的感觉偏凌厉，而柔软的叶片则偏温柔。有些硬质叶片带刺，部分位置可能不太适合摆放此类植物。而柔软的叶片过薄，很有可能造成划伤。植物会影响空间的风格，因此不妨先想象一下你想要的空间氛围是野性的还是优雅的，然后再挑选植物。

花盆与绿植的搭配方式

选好植物的下一步就是要挑选花盆。挑选花盆时不仅要考虑花盆与植物的搭配度，也要兼顾与装饰空间的适配度。首先，可以利用花盆形状与大小来凸显气生根、树干、茎枝的特点，也可以用于衬托叶色。其次，挑选时要预想一下植物的栽培方式及成长后的姿态——是笔直向上的，还是枝叶下垂的。此外，放置在室外的或是树形不对称的植物，要注意选用较重且稳固的花盆，以防植物倾倒。树干弯曲或树叶细密的植物，在室外尤其容易受到风的影响。

搭配对比

厚重

轻快

以朱蕉为例

左图中的朱蕉树干弯曲，造型别致，颇具岁月感，故而选择了具有厚重感的古铜色花盆，简朴的样式更凸显出树形的别致。右图中的朱蕉树干笔直，叶片上带有紫色纹理，选用简约的混凝土花盆来衬托向上伸展的枝叶。

厚重

轻快

以海葡萄为例

海葡萄枝干坚硬、叶片圆润，姿态各异。左图中的海葡萄枝干略为厚重，便搭配了纹路独特且稳固的花盆。右图中的这棵为了强调树形，选用了略微收口的纯白色花盆营造轻快感。

造型的连贯性

使树干与花盆具有统一感能更加凸显植物的特征。左图中，为了充分展现榕树树干的美感，利用花盆延伸了树干的线条。同理，右图中枝条修长的鹅掌藤也搭配了高挑的简约花盆，使花盆与植物线条连贯。强调枝干的生机之美有助于增强其存在感。另外，具有气生根等富有亮点的植物，可以用较高的花盆来凸显它们。

质感的搭配

为了彰显枝叶的质感，可以在花盆质地的挑选上费些心思。左图中，瓶树树皮肌理富有特色，可以利用陶盆营造出一种朴素原始的美感。花盆颜色选用了与树干、树叶颜色较为和谐的米色，使色调统一。右图中姿态别致的乳白色茎大戟则种植在有着独特质感的花盆中。此花盆带有一丝干旱地带的风情，能更加突出植物的生命力，同时也强调了树干独特的存在感。

纹理的搭配

叶片带有纹理或是气生根形状独特的绿植，不妨考虑选用具有同样纹理的花盆，以增添趣味性。左图中的孔雀竹芋，微微透明的叶片红绿相间，而花盆上也带有类似纹理，整体氛围十分优雅。花盆形状普通，对摆放位置没有限制。右图中羽叶蔓绿绒的气生根与叶片都极为独特，将其种植在有纵向条纹的花盆中。有光泽的叶片与古铜色的花盆共同营造一种沉稳的感觉。

绿植的组合搭配

组合搭配多盆盆栽时，既可以单纯地将喜爱的植物凑在一起，也可以用精心的搭配为空间增添亮点。兼顾生长环境等因素，将植物摆放在最适宜的位置上，充分展现它们的个性。

将生长环境相同的植物搭配在一起

不知如何搭配时，可以将生长环境相同的植物摆放在一起。比如同为喜干的多肉植物或是同为生于水边的苔藓植物，这样的搭配既有利于植物生长，看起来也更赏心悦目。右图为3 种天南星科植物与 1 种丝苇属植物。这些植物都喜欢不受阳光直射的明亮环境，可以摆放在一起来养护。

将外形相异的同类植物搭配在一起

左图中皆为草胡椒属植物。另外，丝苇属、球兰属、大戟属等植物的形状、颜色也比较丰富。让同属植物中不同叶色、叶形的植物互作映衬也是新手适用的搭配方法。由于科属相同，栽培方法也相同，养护起来更方便。

突出主角

在搭配多种植物时，要提前考虑好让哪一盆成为主角。有时植物的大小和气质能让它自然地成为主角。当植物大小相同时，可以将主角摆放在更高的位置上。下图中的 3 个小花盆就这样成了主角。将它们并排摆在台上，在四周延展出一片植物空间。

叶色浓淡相宜

同色系或同叶形的植物摆放在一起时，各自的特点和存在感很容易变得模糊。这种情况下，可以在绿叶中搭配一些银色、铜色、黄色等其他颜色的叶片，丰富色彩层次，使彼此都更为突出。上图中银叶的大王秋海棠和明亮黄绿色的草胡椒'双子座'就为画面增添了亮色。叶形的多样性也能让空间更有趣味。

统一花盆的色彩与风格

同一空间中植物样式繁多时，花盆色彩与风格的统一既有助于凸显多彩的叶片，又能成为巧妙的装饰。花盆质感不宜过于杂乱，但少许的差异也能带来不少乐趣。在其中点缀一个不同颜色的花盆既有个性又很风雅。

室内绿植
实例展示

将绿植摆在什么位置能更加凸显其存在感呢？是摆在客厅最显眼的地方，还是厨房与客厅的隔断处，抑或是架子与窗户旁的角落或走廊的尽头？我们需要综合考虑光照、通风、移动路线、植物生长后的大小等因素来进行挑选。此外，室内风格与绿植和花盆的适配度也要加以注意。

1 宽敞的客厅中，枝条散开的猴耳环十分夺目。树叶朝开夕合，为客厅增添了不少活力。

2 正对着客厅的是高山榕，用它来欢迎来客。阳台上的植物也更好地衬托了室内的绿植。根据植物整体的状况不时改变一下方位，让其每一面都充分沐浴阳光。

3 此客厅中靠沙发一侧的天花板附近有窗户。沙发旁的槭叶萍婆树叶生于枝干上方，给人以简练又富有个性的印象。电视旁的花盆与电视柜皆选用了木质材料。

4 此住宅上楼梯后左手边是餐厅，右手边是客厅。孟加拉榕兼具了视觉亮点和隔断的作用，是屋中的主角。

1 厨房和客厅的隔断处摆放了锈叶榕。为了搭配沙发、横梁与隔板的颜色，选用了深灰色的花盆。生动的绿植软化了沙发靠背与隔板的线条。

2 借用了露台上的植物景致，屋内只简单地装饰了一盆存在感较强的老树鹅掌藤。将其放在离露台较近的位置，这样浇水时可以轻松地将大花盆移到室外，有助于减轻养护的负担。

3 爱心榕中和了窗外建筑物和电视冷硬的印象。为了与优美的室内风格相融合，搭配了材质古朴且造型简单的花盆。

4 客厅与餐厅的隔断处摆放着卷叶榕锦。它会因环境变化而落叶，但即使在略阴的餐厅，只要能适当调整浇水的频率，并且偶尔转动植物使其面向窗户，也能茁壮生长。

5 上楼梯后到达摆放着电视的客厅。角落的窗户旁装点着绿植。由于天花板较高，所以搭配了一棵树形极具动态之美的龙血树'纳威'，让空间显得更为宽敞。

1 两张桌子之间用一盆琴叶榕作为隔断。为了使室内风格统一，选用了带木框的赤陶盆来搭配桌子和墙砖。

2 卧室旁摆放的一盆鹅掌藤仿佛无意地遮挡着视线，起到了分隔空间的作用。大型的植物在宽敞的空间存在感更为强烈。

3 这棵粗叶榕在窗户外面就能欣赏得到，一进门也会立刻被它吸引视线。由于空间狭小而选用的细长花盆反而更加凸显了植物。

4 卧室窗户旁摆放了一棵古树鹅掌藤，早上睁开眼睛，身心就能获得来自朝阳与绿叶的双重滋润。灰蓝色的织物之中，绿色的叶片带来一抹亮色。

5 客厅沙发旁摆放的这盆高山榕，从屋中的任何角落都能看到。在这个清爽的空间中，一盆绿植足以发挥存在感。

1 光照条件不佳的位置推荐先种植一些类似螺纹铁的强健树种，然后再逐渐增加植物的数量。

2 暖气片侧面悬挂的一棵鹿角蕨是全屋的点睛之笔。板材使用的是漂流木，提高了材质的丰富性。

3 一体化客餐厅中的标志性绿植是鹅掌藤。在这种能够看到窗外绿意的房间中，摆放绿植时需要突出重点，营造简洁的观感。

4 有效活用空间，用喜林芋为书架增添绿意。在离窗户稍远的半阴处，喜林芋和绿萝可以旺盛地生长。

1 窗台是摆放绿植的好地方。统一花盆的颜色与形状能更好地衬托多肉植物各自的颜色与形态特点。

2 光线充足的房间中未被利用的死角非常适合摆放绿植。配合着细长的窗户，将小盆的喜阳或喜半阴植物摆放在架子上。

3 若想在北侧的窗户附近摆放多肉植物，需要挑选在散射光环境中也能生长的品种。只要适当调整浇水的间隔，植物便能健康生长。

4 厨房的空闲处有一扇窗户，用小摆件与枝叶极具生机的蕨类植物来装饰此处。仅仅一盆绿植就能让空间变得莹润起来。

1 巧妙地将花盆悬挂在厨房的照明轨道条上。窗台前光照极好，从餐厅便能看到这几扇窗户，将姿态可爱的多肉植物并排摆放在此处，突出其存在感。

2 浴室内也有小窗户，所以试着在此摆放了一些绿植。为了搭配窗户和墙壁的花纹，特意挑选了气质优雅的骨碎补。这种植物健壮且易养活，只要注意通风问题，栽培在浴室中也没关系。

3 离窗户稍远的厨房搁架上摆了几盆绿植，利用墙壁的留白来衬托天门冬低垂的纤细叶片。

4 将几盆绿植悬挂于窗帘轨道条上，并在窗台上随意地摆上几盆植物，再装饰上一些小摆件，让这个小空间更富有个性。

5 南侧光照良好的房间。窗前摆放喜阳植物，墙壁前面则摆放喜半阴植物，这样能让房间更有层次感。用水泥质感的花盆来映衬现代风格的室内装修。

养护绿植

为购入的植物选好安置地点之后，才正式开启养护之路。当植物状态不佳时，它们会发出一些信号，然后逐步枯萎。最好每天细心观察，及时回应它们的信号。新芽生发是生长环境适宜的主要标志，欣赏植物生机勃勃的姿态是件无比愉悦的事情。

参考自然界的环境来养护植物

我们常说植物最好养在通风良好之处，春季、秋季、冬季要给予适度光照，夏季则要避免阳光直射。这样做的原因是什么呢？这是因为对植物来说，最好的环境就是自然的环境，即自然界。

自然界中湿地等湿度较高的地方常有微风吹拂，雨水较多的地方土壤也能排水良好，植物不会长时间浸泡在水中。因此，被放在窗户紧闭的空间中或是一直被泡在花盆托盘的水中对植物来说是很难受的事情。另外，没有任何植物能在完全不见阳光的地方存活。耐阴性强指的并不是没有阳光也能生长，而是在光照不足的地方生命力也较为旺盛。

有些植物为了适应气候与环境的变化，会如小孩换牙一样长出新叶片。及时发现植物状态变差的信号并找出变差的原因，才能有效避免植物枯萎。建议通过更换摆放位置或者改变浇水方式来应对此种情况。比如：大乔木本身喜阳光直射，因此在光照充足的地方会生长得更好，而大乔木的下方常常光照不佳，因此原生于此处的植物更适合放在有窗帘遮挡的柔和光线之下。参考植物的自然生长环境，比如干燥地带、热带或温带，并且时刻关注植物的细小变化，便能找到养护植物的正确方法。

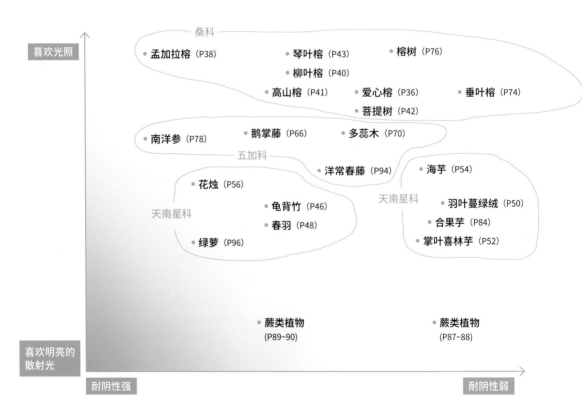

* 上图介绍了本书中提及的主要科属的植物特性。
* 与绿叶植物相比，斑叶植物对强光的耐受性更差，耐阴性也更弱。特性因品种而异，上图仅供参考。
* 即使是耐阴性较强的植物，也会因浇水和通风不当而发生病虫害等健康问题，须谨慎对待。

关于浇水

土壤表面变得干燥时，需要浇大量的水直至有水从盆底渗出。水会先停留在土壤上方的蓄水空间，而后渗入土中，继而从盆底渗出。此浇水过程大致需要重复3次。当土壤表面开始干燥时，要充分浇水，而非采取少量多次的方式。使浇水量等同于土壤容量，确保水能渗透至每寸土壤，这一点十分重要。此外，托盘中留存的水会导致土壤透气性变差，须及时倒掉。

从土壤微干到彻底干燥这个过程中，植物会努力生根发芽。因为植物在缺水时一旦接触到水，就会最大限度地发挥生命力以吸收水分。缺水的多肉植物的叶片会发皱，而天南星科植物、蕨类植物和一些叶片较大的植物缺水时叶片会下垂。极端缺水的情况下，植物会让羸弱的枝条枯萎以保全整体。当发现有枝条枯萎，则需要考虑是否是由浇水不足引起的。

当植物所处位置的光照条件不理想时，有可能土壤表面已经干燥，但土壤内部还是潮湿的。若粗心地继续浇水会导致根部腐烂。若新长出的枝叶有类似徒长（茎部变细，叶片和枝条节间长且脆弱）的倾向时，建议延长浇水的间隔。

植物构造不同，浇水的频率会有所变化。对于根干较粗的植物，可在盆内留存一些水，但要注意通风，谨防土壤不透气，否则可能会引发根部腐烂，以及叶片变黄、凋落等问题。植物健康状况差时吸水能力也会变差，此时需要耐心等待土壤变干。土壤变干后根部才会开始活动——也就是说等到植物开始需要水分时再大量浇水。

大多数适宜在室内养护的绿植喜欢20℃以上的温暖环境，它们在冬季的吸水速度会大幅降低。因此低温环境下，浇水过量会导致植物受凉萎蔫。然而，早春发芽或开花时节土壤又会快速变干，所以随着季节变化，要时常用手触摸土壤表面，把握好浇水的时机至关重要。

室内没有雨露，所以需要为叶片喷水来保持环境的湿度。为了享受与植物对话的愉悦，同时又不为日常生活增加负担，让我们一起寻找合适的浇水方法吧。

如果花盆外有套盆，请先将花盆取出放在托盘上，充分浇水直至水从盆底渗出。

待水彻底流尽后再将花盆放回原处。积水会导致盆内土壤不透气，引发虫害或烂根等问题。

关于土壤

请选择排水性和透气性好的土壤。可以仅使用市售的培养土，这种土的保水性较好，营养也较为均衡，也可以将其与排水性和透气性极佳的赤玉土（细粒土或中粒土）混合使用。培养土与赤玉土的配比大致为2:1，可根据生长环境调整比例，比如若植物喜欢干燥和排水性好的土壤，可以提高赤玉土的比例；若植物不耐干燥则减少赤玉土；若土壤过干则多用培养土；若在光照较差的环境中想让土壤快速干燥，则多用赤玉土。使用排水性和透气性好的土壤，植物将更稳固地扎根其中，未来也会生长得更健壮。

以市售的培养土（1）为基础，根据植物的特性与生长环境混入部分赤玉土（2）。为提高排水能力，可在盆底铺放几厘米厚的轻石（3）。

关于换盆

土壤的排水性变差或是发达的根部从盆底孔伸出这类情况发生时,要在根部缺氧之前及时换盆。换盆最好在4—10月,同时避开极端酷热的天气进行,温度在20~25℃之间为宜。

移栽时要轻轻处理掉原有的泥土和旧根,将植物栽到略大一圈的花盆中。若是不会长大的植物,也可以适当剪去旧根后移栽到同等大小的花盆中。不建议移栽到过大的花盆中,因为过大的花盆中土壤不易变干,植物根部的吸水速度很难适应这种突然的变化。对植物而言,换盆一事多少有些负担,所以移栽后应尽量避免将植物置于强光直射下,不要让位置和环境发生过大的变化。

移栽剪根时,为了保持植物生长的平衡应该剪去同等分量的枝条。尤其是枝叶较细的植物,剪根后生长很容易失去平衡,一定要酌情修剪。

根部拥挤时,可以用剪刀从下部剪除部分根团,再疏松根部,减少植物负担。

为了让土壤适当包裹根部,换盆后应该用筷子或竹签疏松土壤。

关于修剪

修剪的目的在于改善通风,抑制虫害的发生,调节生长平衡,保持植物健康。因此,为长势旺盛的植物剪去过长的枝条是很有必要的。基本上,将长有叶片的枝条顶端剪去后,枝上会重新长出新芽,偶尔也会分成两枝。盆栽植物很容易出现养分向强势枝条集中的现象,进而导致新生枝叶变得羸弱,所以要找到长势较强的部位,将粗枝和长枝的顶端剪去。此外,若植株健康,可以试着调整初夏时齐齐冒出的新芽数量,如修剪枝条以改善通风。至于造型,则要考虑好哪里是你想要留住的部分,待仔细观察后再决定修剪部位。

手持的这根枝条上的叶片几乎掉光了,仅在顶端长出叶片。在靠近根部的地方剪短枝条,新芽会从此处长出,姿态将重新变得紧凑。

这盆锈叶榕中有一根枝条长势格外旺盛。过度生长的强势枝条会阻碍营养流向其他枝条,应将其减去以调节整体平衡。

常见问题

Q 夏季植物为什么变得无精打采?

A 查看植物是否被放在密闭房间等不透风的位置了。虽然有些植物原生于高温地区,但不通风的地方热气无法散去,不利于植物生长。若房间窗户无法打开,可以使用空气循环扇,也可以在浇完水后直接将植物留在室外。

Q 叶片凋落,枝条却不断伸长该怎么办?

A 在花盆这类有限的空间中为了保持植物的长势,有时需要剪去老叶。尤其是形态会逐渐变大的植物,在养护过程中不断修剪以控制生长态势是很有必要的。通过缩剪来促进分枝,增多枝叶数量,使植株形态更加饱满。

关于虫害

在光照或通风差的室内叶片变得干燥时，或在通风不良之处花盆中土壤变得不透气时，都容易发生叶螨和介壳虫等虫害。缺水引发植物萎蔫后也容易发生虫害，因此要仔细确认浇水频率和光照状况。害虫会夺取植物的养分，它们的排泄物还会引发疾病，尽早发现害虫十分重要。

害虫的活动期多在春季至秋季，常出现在新芽上或枝条的凹陷处。一经发现应迅速用杀虫剂驱除。当叶片表面或花盆周围的地板上出现黏状物时，要立即用湿抹布擦拭干净，或用牙刷将其刷净。有些虫子非常难缠，务必每月检查一次。

为预防害虫，可用喷雾器仔细为叶片喷水，并将植物放在通风良好的位置，同时要注意光照。气温在10℃以上时可将植物放在室外的半阴处，享受户外的风雨有助于植物尽快恢复健康。

介壳虫

介壳虫常被白色絮状分泌物覆盖，其排泄物呈白色黏稠状。介壳虫会引发煤污病，须尽早驱除。

叶螨

叶螨种类较多，常寄生在叶片背面吸食营养。被寄生的叶片会出现白斑或擦伤。叶螨怕水，为叶片喷水可有效预防其滋生。

关于肥料

室内绿植大多不易生病而且会不断长大，因此不一定需要施肥。但是当叶片生长情况变差或叶色黯淡时、新芽生发时、换盆后不久土壤变得贫瘠时，施肥就很有必要了。通过施肥为生长期提供动力，为开花结果补充养分。

在18℃以上的环境中肥料可以充分发挥效力，因此施肥期一般在新芽萌发的3月下旬至4月，避开盛夏与寒冬。秋季可以为开花或结果的植物施肥。

肥料分为固体肥料和液体肥料，固体肥料有缓效性，液体肥料则有速效性。液体肥料多与水混合使用，一至两周施用一次。固体肥料中包含化学肥料和有机肥料，每年施用一至两次，为了不给根部造成负担，最好将适量肥料放在靠近花盆外侧的地方，使肥料缓慢发挥效力。有机肥料有利于土壤改良。

Q 为什么植物买回来后立刻变蔫了？

A 植物从店里移动到新的位置，光照、浇水频率、浇水量等发生变化，植物很可能会为了适应新环境而变得萎蔫。植物对于激烈的变化通常会感到压力，所以需要观察变化程度是否在其承受范围之内。要确保没有出现极度缺乏光照的情况，同时每次浇水应该浇透，待土壤表面变干后再重复浇水。

Q 为何叶片到处布满茶色斑点？

A 首先请检查叶片下部、背面及枝杈处，看看是否滋生了害虫。如果排除了虫害及光照不足的问题，那很有可能是因为气温上升时植株将要萌发新芽，因而老叶开始干枯掉落。这时应该关注一下浇水是否充分，浇水时要确保水从盆底的孔流出来。

生机勃勃的绿植

爱心榕（伞榕）

Ficus umbellata

- 爱心榕拥有柔软宽大的心形叶片，给人落落大方的感觉，是一款极受欢迎的观叶植物。

- 春季至秋季出售较多，有多种树形和大小。与色彩明亮的圆润花盆最为般配，适合自然风的室内装修。

- 即便在榕属中，爱心榕也属于格外喜阳的一种，因此除夏季需要避免阳光直射之外，秋季至翌年春季都应放在光照良好的位置。

树形大且协调。主干一分为二，各枝上又生出了细小的枝条。搭配简约的灰色花盆，让绿植更具现代感。

拉丁学名	*Ficus umbellata*		
科名·属名	桑科·榕属		
原产地	热带及温带地区		
光照需求	全日照	半日照	明亮散射光
水分需求	喜湿	适中	微干

栽培要点

■ 光照

▶ 喜阳，初夏至秋季可以放在室外养护，但从半阴环境突然挪至强光下叶片容易被晒伤，因此要视情况挪动。

▶ 光照不足会导致植物状态变弱，叶片发黄，边缘变成褐色，甚至凋落。不发新芽也是光照不足的证据。

■ 温度

▶ 畏寒，10 月可以将室外栽培的爱心榕挪至室内，放在光线较好的位置。

▶ 耐高温，但需要放在通风良好之处以防闷根。

■ 浇水

▶ 土壤表面干燥时要充分浇水。夏季生长期植物吸水能力好，但在冬季及光照不足的情况下，要在确认土壤是否干燥后再浇水。

▶ 高温时期要时常用喷雾器为叶片喷水。

■ 虫害

▶ 光照不足、通风差，以及室内干燥时，植株在春季至秋季容易滋生叶螨、介壳虫、粉蚧。频繁为叶片喷水或用湿布擦拭叶片可以有效预防虫害。

■ 修剪

▶ 爱心榕生长速度快，当枝条过长、树形走样时建议及时修剪。早春枝上长出新芽时，可以从新芽上方或叶片上方剪断枝条。断口处经常会分叉，预测其长势也颇为有趣。切口处会流出榕属植物特有的白色树液，需要擦去。

爱心榕经反复修剪可形成独具个性的婀娜树姿。数年之后生长速度放缓，姿态逐渐稳定。爱心榕原本是高大乔木，如果任其生长，叶片将长得巨大无比，与树干并不协调，尽量配合生长速度频繁修剪。

这棵爱心榕拥有中等大小的简洁树形。米色树干越多，树形越稳定。购买这种类型的树比较容易打理。

孟加拉榕
Ficus benghalensis

- 浅色的树干和叶脉及椭圆形叶片是其特征，在榕属植物中独具时尚且锐气。
- 生长快且常发芽，是销售量较大的人气树种。
- 树干柔韧，适宜进行弯曲造型，也可以通过修剪打造多种树形，适配于各种室内风格。
- 因其强悍的生命力，印度将其奉为象征永恒生命的神圣之树。

孟加拉榕经常给人坚硬的印象，但经过反复修剪，也能拥有柔软的气质。向左倾斜的树形若恰好被放置在房间的右侧角落，效果格外迷人。

拉丁学名	*Ficus benghalensis*		
科名·属名	桑科·榕属		
原产地	印度、斯里兰卡及部分东南亚国家		
光照需求	全日照	半日照	明亮散射光
水分需求	喜湿	适中	微干

■ 光照

▶ 喜光照，宜全年放在有直射阳光的位置。明亮且通风良好的室内是较为理想的场所。虽有一定的耐阴性，但不发新芽时还是要向全日照的位置移动，因为这多半是缺少光照所引发的长势衰弱。

■ 温度

▶ 耐寒性较强，一般在室内就能越冬。夏季耐高温，但仍需注意通风，避免闷根。

■ 浇水

▶ 在5—9月的生长期内，土壤表面干燥时要充分浇水。放在通风良好的位置，防止土壤湿度过高。

▶ 气温低于20℃时生长会放缓。入秋后逐步降低浇水频率，冬季土壤表面干燥后过两三日再浇水，使土壤保持微干的状态。

■ 修剪

▶ 当某一处枝条突然伸长破坏了树形，或是叶片发黄快要掉落时，就意味着植株需要进行修剪了。早春枝上长出新芽时，可以从新芽上方或叶片上方剪断枝条。在4月中旬至5月进行修剪，修剪后的植株会长出新芽，夏季树形会更为饱满。任其生长的话叶片会变少，树形将略显凋零。切口处会流出榕属植物特有的白色树液，需要擦去。

对枝干进行修剪造型，打造出自然的曲线。虽是中型盆栽却有大树般的存在感。老式的杯状花盆给整体效果增添了优雅之感。

孟加拉榕在野外可长成30m高的巨大树木，搭配大花盆更有利于展现其原有的强劲身姿。一段时间后还能看到树上长出如同黑痣般的花朵和果实。

这是一盆从主干底部就开始弯曲的中型盆栽。沉甸甸的花盆既能保持整体的平衡，又衬托得枝干线条更加轻盈，可算是室内的亮点。

种类繁多的榕属植物

　　爱心榕、孟加拉榕所属的榕属植物极其丰富，它们兼具动态美与洒脱感，很适合用来装饰室内空间。其中，耐阴性与耐寒性强的树种较多，在室内也能健康生长，很适合新手栽培。根据树木的特性选择好尺寸并布置在适宜的环境，它们将成为能长久陪伴我们生活的伙伴。

柳叶榕

原产地为新加坡，低垂的细叶与枝干上的气生根姿态袅娜。缺乏光照与水分时叶片会脱落，在光照充足的地方较易养活。

印度榕

有黄斑橡胶榕、红肋印度榕、紫叶橡皮树等众多品种。上图为紫叶橡皮树，叶片有光泽，略泛黑红色。砍断主干后重新长出的树枝会分成左右两枝，树形更加优美。左侧的盆栽养护时间更久，因此生长相对较慢。粗壮树干上的气生根别有韵味。

高山榕

一种人气较高的榕属植物。树干
呈褐色，叶片有绿叶和斑叶两种，
气质较为柔和，很适宜装点自然
风的简约房间。婀娜的曲线也是
高山榕独有的特点。

菩提树

叶片略薄，呈心形，叶尖细长。其基本栽培方法可参照爱心榕，需放置在明亮的室内，同时应避免光照不足和夏季阳光直射。

锈叶榕

原产于澳大利亚东部，无论在水边还是干燥地区都能顽强生长。叶片细长，呈深绿色，带有光泽，枝干上长有气生根，与现代、简约的家居风格很是相称。养护时需要避免光照不足和通风不足，土壤过湿容易引发虫害。

天鹅绒榕树

这是粗叶榕的变异种。新芽和叶片背面有天鹅绒般的柔毛，红色枝干与深绿色叶片的搭配令人印象深刻。叶片较大是其特点，即使用小花盆也能彰显它的存在感。

琴叶榕

叶片形状与橡树的叶片相似，叶片的厚重感与树干的柔韧度共同造就出流畅的树形，搭配厚重的花盆，更加衬托出其绰约的身姿。经矮化培育而得的小琴叶榕也很有人气。养护时避免将其放置在不见光的位置，否则植株既无法萌发新芽，还会滋生叶螨和介壳虫，长势也会衰弱。

这棵海葡萄既有幼嫩时期就被弯折了的枝条，也有自由笔直生长的枝条，光亮的圆形新芽十分可爱。

海葡萄

Coccoloba uvifera

- 柔软的树干易弯曲，绿色的叶片上分布着微红的脉纹。

- 虽然每年出售时间较短，但因其可爱的叶片很适宜用来点缀室内空间，所以人气颇高。

- 因生长于海岸线，果实形似葡萄而得名。即使栽种在花盆中，大株的海葡萄也能开花。

- 海葡萄雌雄异株，偶尔能见到结出葡萄般紫色果实的树木。

基本信息	拉丁学名	*Coccoloba uvifera*		
	科名·属名	蓼科·海葡萄属		
	原产地	美国南部，西印度群岛		
	光照需求	全日照	半日照	明亮散射光
	水分需求	喜湿	适中	微干

栽培要点

■ 光照

▷ 喜欢光照及通风良好的场所。但是，夏季需避开阳光直射，建议放在有纱帘遮挡的明亮位置。畏惧低温，冬季一定要将其移动到阳光充足之处。

■ 温度

▷ 畏寒，冬季会停止生长。生长期可以放在室外养护，但 10 月应移回室内，冬季要放在阳光充足的温暖位置。

■ 浇水

▷ 土壤表面变干时要充分浇水，避免极度缺水。冬季要确保土壤保持干燥状态，让植物在微干的环境中生长。

▷ 海葡萄原生于海边，长期处于干燥的环境中叶片会凋落。可以通过为叶片喷水来补充水分。注意不要让空调的冷风或热风正对着它。

■ 虫害

▷ 光照和通风差，以及室内干燥时，植株在春季至秋季容易滋生叶螨、介壳虫、粉蚧。频繁为叶片喷水或用湿布擦拭叶片可以有效预防虫害。

■ 修剪

▷ 冬季和花期过后叶片可能会受伤，因此在春季要将其移到半日照环境中进行修剪，避免阳光直射。发芽后可以进行剪枝以保持树形，修剪时至少留下一片叶片。经常为叶片喷水有利于其再生。

略宽的椭圆形叶片可爱中透着独特的魅力。植株开花结果后，叶片将很难再吸收到养分，也更易发生虫害，所以有时需要摘去花芽。

树杈较少的海葡萄一般会种在大号花盆中。叶脉颜色会随生长环境的变化而变化。窄口花盆可以更加凸显枝条伸展的姿态。

龟背竹

Monstera deliciosa

- 龟背竹存在感极强，宽大叶片上的叶裂是其主要特点。
- 极力舒展的叶片、蜿蜒的茎干、下垂的气生根，种种妙趣都很值得赏玩。
- 龟背竹生命力强且易养活，在略阴的环境中也能生长。
- 浇水过多可能会导致茎干徒长或根部腐烂，因此要使根部保持微干状态。
- 挑选花盆时要考虑到其根部向下生长的特性。

过去，龟背竹的造型方式多倾向于突出其叶片繁茂、茎干弯曲的特点，而最近流行的则是展现气生根与叶片协调性的直立龟背竹。气生根支撑着宽大的叶片和茎干的画面，既富有生趣又凸显出一种纤细的美感。

基本信息	拉丁学名	*Monstera deliciosa*		
	科名·属名	天南星科·龟背竹属		
	原产地	美洲热带地区		
	光照需求	全日照	半日照	明亮散射光
	水分需求	喜湿	适中	微干

栽培要点

■ 光照

▶ 龟背竹原生于热带丛林的乔木底部，因此适宜摆放在全年不受阳光直射的明亮位置。

▶ 虽有一定的耐阴性，但还是不宜摆放在完全没有阳光的地方。环境过暗时，根、茎都会变得纤弱。

■ 温度

▶ 喜欢高温高湿的环境，夏季耐高温能力极强，但是一定要确保通风良好。

▶ 种植在我国长江流域的龟背竹偶尔可以在室外越冬，但是需要从夏季就将其放在室外，令其逐步适应，待根部发育充实后就有机会顺利越冬。但若叶片受损则应及时搬回室内。

■ 浇水

▶ 土壤表面变干时要充分浇水，但浇水次数过多会导致茎干徒长、根部衰弱，所以要让土壤保持微干的状态。节间和茎部过长的话，很有可能是过度浇水引起的。冬季及半阴环境中种植的龟背竹要等到土壤表面变干两三日后再浇水。

▶ 喜欢湿润的空气，时常为叶片喷水能使其更加健康。

■ 修剪

▶ 靠近根部的老叶掉落后，茎部伸长，植株变高很容易失去平衡而倾倒。如果不想修剪，可以将其移栽到重心较稳的花盆中。根部会向下生长，健康状态下会生出许多气生根。当气生根快接近盆底时可将其剪掉，也可以保留一部分以维持生长。

▶ 初夏时可以从根部附近截短茎干，但要保留一到两片叶片。茎部会萌发新芽。叶片减少与茎干变短会导致植株吸水量减少，所以需要延长浇水间隔时间。剪掉的茎部可用作扦插。

斑叶龟背竹。正如其学名 *Monstera*（拉丁语中意为"怪物"）一样，龟背竹常常散发着不可思议的奇特魅力。精致的斑叶品种容易因光照不足、通风不足或强光照射导致叶片焦枯，需多加注意。

改良的矮生龟背竹株型矮小，叶裂美观。小型绿植更方便装点在室内。叶片生长较慢，每年可长出两到三片新叶。

春羽

Philodendron selloum

- 春羽的魅力在于其姿态生动的叶片。
- 喜林芋属植物特有的叶痕带有一种泛着异国风情的神秘感。
- 弯曲的树干、蜿蜒的气生根与舒展的叶片都独具特色。
- 根据光照挑选摆放位置，观察春羽的生长过程不失为惬事一桩。
- 同其他天南星科植物一样，春羽在养护时需要注意保持空气湿度，同时也要避免浇水过度。

树干蜿蜒曲折却又保持着绝妙的平衡，与宽阔舒展的叶片相得益彰。为了使其不会过于失去平衡，可以将其背朝太阳摆放。

拉丁学名	*Philodendron selloum*		
科名·属名	天南星科·喜林芋属		
原产地	巴西、巴拉圭		
光照需求	全日照	半日照	明亮散射光
水分需求	喜湿	适中	微干

栽培要点

■ **光照**

▶ 宜摆放在室内明亮的位置或是窗边有纱帘遮挡处。强光环境有可能导致叶片焦枯。

▶ 光照不足会引发徒长，叶色也会变得黯淡。能适应干燥的土壤，但要注意避免根部腐烂。

▶ 茎部会长出气生根。为了保持大型盆栽的重心，需要配合太阳的方向不断调整角度，控制枝干的生长方向。

■ **温度**

▶ 喜欢高温潮湿的环境，夏季极其耐热，良好的通风更有益其生长。

▶ 寒冷的环境中叶色会变得黯淡，因此，室外栽培的春羽在冬季需要搬入室内，在10℃以上的环境进行养护。

■ **浇水**

▶ 土壤表面变干燥后应充分浇水。全年都要控制浇水间隔，使土壤保持微干状态。缺乏光照的情况下，每当叶片下垂就浇水可以预防根腐病。

▶ 冬季生长迟缓，应在土壤表面变干两三日之后再浇水。浇水过量会导致叶片羸弱，茎枝也会徒长，故而最好将天数作为大致参考，观察土壤的状态再浇水。

▶ 喜欢湿润的空气，除浇水外，还可以用喷雾器仔细地为叶片喷水。

大小适中的中型盆栽。简单的姿态凸显了舒展的叶片，色调深沉的花盆进一步衬托出了叶片的鲜绿。

凸显了气生根妙趣的小盆栽。只有小株的春羽才能呈现出这种如同从土壤中站立起来的姿态。

羽叶蔓绿绒

Philodendron 'kookaburra'

- 留有叶痕的树干与气生根相互缠绕，造型独特而狂野。
- 齿状叶片向四面八方延伸，极具冲击性与存在感。
- 夏季阳光直射会导致叶片焦枯，背阴环境又会导致新芽无法生发，因此找到适宜的摆放位置极为关键。
- 喜欢湿润的空气，但也要避免浇水过度。
- 树根需要保持微干状态，叶片则需时常喷水，这样有助于其茁壮生长。

树干上的气生根相互缠绕，大大增加了野性魅力。落叶后树干上会留下叶痕。厚重的古铜色花盆稳住了树的重心，同时让羽叶蔓绿绒成了屋内的独特标志。

基本信息	拉丁学名	*Philodendron 'kookaburra'*		
	科名·属名	天南星科·喜林芋属		
	原产地	南美洲		
	光照需求	全日照	半日照	明亮散射光
	水分需求	喜湿	适中	微干

栽培要点

■ 光照

▶ 宜摆放在室内的明亮位置。光照不足会导致植株变得羸弱，而一旦衰弱下去植株将很难复活，因此建议将其摆放在全日照或半日照的环境中。

▶ 光照不足时，叶片会变小然后脱落，叶螨等害虫也更易滋生。

▶ 对夏季直射阳光的耐受性差，叶片容易焦枯，所以室外养护时应注意遮光。

■ 温度

▶ 生长适宜温度在 10℃ 以上，耐寒温度为 5℃ 左右，但需避免过大的温度变化。可以在没有暖气的房间里越冬，只要不受霜冻即可。

▶ 摆放在室外的羽叶蔓绿绒在 10 月下旬应挪至室内养护。

■ 浇水

▶ 土壤表面干燥后要充分浇水，但浇水次数过多会引发枝条徒长，进而导致根部变弱，因此最好使土壤处于略微干燥的状态。冬季土壤表面干燥后过两三日再浇水。光照不足时，浇水过量有可能会导致植株枯萎。

▶ 老叶舒展开有可能是因为缺水。

▶ 喜欢湿润的空气，除了浇水之外还要用喷雾器仔细地为叶片喷水，这同时还能起到预防害虫的作用。气生根能吸收空气中的水分，接触到土壤后也能在土中生根。

■ 修剪

▶ 茎部伸长后可缩剪主茎，周围将长出新茎，植株将长得更为饱满。剪下新茎，待切口干燥后也可用作扦插。扦插需留下一两片叶片，待土壤干燥后再充分浇水。

■ 肥料

▶ 肥料过多会导致叶片褪色。若需施肥，应在春季至秋季使用缓释性的固体肥料。

与春羽相比，羽叶蔓绿绒的叶片更加细长、厚实。繁茂、浓绿的叶片为室内增添一丝野性风采。

金黄色的青柠羽叶蔓绿绒。无规则的浅色斑锦为明亮的叶色增添了一种懒洋洋的气质，无论是自然、时尚还是简约的家装风格都能与其和谐搭配。

种类繁多的喜林芋属植物

喜林芋属植物是一类缠绕在树木上生长的植物，有攀缘型、匍匐型、直立型等多种类型，叶色丰富，即使是小株盆栽也有较强的存在感，非常适合装饰室内，是营造氛围的不二之选。装饰的重点是要挑选最佳的摆放位置，能够凸显其优美叶色之处即是最佳场所。

掌叶喜林芋

有攀缘茎，从枝节处长出的气生根会缠绕在其他树木上。生长缓慢，叶裂较深，枝叶自然下垂。简单的水泥花盆最能衬托其端庄典雅的姿态。

心形喜林芋

有攀缘茎，叶片呈心形，有一定的耐阴性，生长较快，保持土壤微干，即使在半日照环境中植株也能健康生长。浅绿色的叶片能让房间变得更明亮。

〔上左〕
喜林芋 '曼达利'

青柠绿色的叶片、黄色的枝茎与略微泛红的新芽共同构成了一幅鲜艳亮丽的画面。为了凸显迷人的叶色，选择了仅在边缘点缀了银色的朴素水泥花盆。

〔上右〕
绿帝王蔓绿绒

生长较慢但耐阴性强。深绿色的叶片溢出花盆后逐渐垂下。图中搭配的是一款带有纹理的欧式复古花盆。

〔右下〕
银铁蔓绿绒

叶片细长，泛着金属般的银色光泽。为了搭配叶色，花盆也选用了略带光泽的材质。偶尔需要剪去长得过长的枝叶，以保持整体的平衡。

海芋

Alocasia odora

- 海芋带有一种既奇幻又纯然的气质，仿佛是会在传说故事中登场的植物，与亚洲风格的房间非常般配。

- 浇水过后的第二天会有水滴垂坠于叶尖，更为其增加了神秘色彩。

- 根部有毒，因此害虫较少，比较容易栽培。

- 海芋原生于热带地区的大树底部，因此需要仿照自然生长环境将其放在半日照环境中，对新手来说算是较为友好的植物。在背阴环境中海芋根部很容易腐烂，最好将其放在有柔和光线照射的位置。

两片宽大的叶片塑造出了极强的视觉冲击。在杂货风的复古铁箱的映衬下，叶片显得更加柔软、鲜嫩。

基本信息

拉丁学名	*Alocasia odora*		
科名·属名	天南星科·海芋属		
原产地	亚洲热带地区		
光照需求	全日照	半日照	明亮散射光
水分需求	喜湿	适中	微干

栽培要点

■ 光照

▶ 喜欢明亮的场所，但光线过强会导致叶片焦枯。建议放在有纱帘遮挡处等不会过于阴暗的位置。

▶ 光照不足时，新芽难以生发，还会引发枝条徒长。一旦发生上述现象请尽快调整环境。

■ 温度

▶ 耐寒性较差，建议冬季在室内养护，否则叶片可能会被冻伤。室外温度在5℃上下时，海芋也可以在室外越冬，但是必须要除霜。

▶ 喜高温高湿，但是室内养护时需注意通风，不能过于闷热。

■ 浇水

▶ 土壤表面干燥时要充分浇水。排水不畅或通风不足很容易导致根部腐烂，所以应使土壤保持微干状态。冬季减少浇水次数。缺乏光照或气温偏低时，浇水过多会导致根部腐烂及植株受寒，因此浇水最好在白天温度较高时进行。

▶ 喜欢湿润的空气，除浇水之外，还可以用喷雾器仔细地为叶片喷水。

■ 换盆

▶ 生长速度快，植株根部会快速变粗，若排水变差应在5月前后进行换盆。可将植株分成好几棵，分别移栽到不同的花盆中。

放在架子上的迷你海芋可爱至极，胖乎乎的树干充满着治愈之感。想要控制生长速度，保持较小的形态，那花盆一定不要过大，同时要防止根系满盆。

为微圆的叶片搭配了一个微圆的花盆，银色花盆适用于各类家居风格。盆中种植了多棵海芋，生长期叶片会彼此影响，视觉上也会慢慢失去协调均衡之感，最好在根系满盆之前将几株海芋分开种植。

海芋花。开花后果实中的种子可以用来种植新的海芋。

花烛

Anthurium andraeanum

花烛拥有绒毯般质感和独特纹理的叶片。斑驳嶙峋的石盆不经意间衬托出了植物的个性。

- 花烛中呈红色或白色、状如花瓣的部分被称作佛焰苞，其形态在生长过程中会发生极大的变化。
- 苞片中会长出棒状的肉穗花序，其上会开出许多小花。
- 近年来有许多以赏叶为主的花烛在市面上销售，叶片的颜色、纹路、质感都不尽相同。
- 中等大小的盆栽比较方便在室内搭配，也很容易养活。
- 花烛本身生长于大树底部，因此既要避免阳光直射，又要确保阳光充足，并且要控制浇水量。

基本信息

拉丁学名	*Anthurium andraeanum*		
科名·属名	天南星科·花烛属		
原产地	美洲热带地区		
光照需求	全日照	半日照	明亮散射光
水分需求	喜湿	适中	微干

栽培要点

■ 光照

▶ 全年都应摆放在不受阳光直射的明亮位置。遭受强光直射后，叶片将枯萎变成褐色，不仅不美观而且长势也会衰弱。但是，光照不足又会导致其生长停滞。

■ 温度

▶ 耐寒性较差，7℃左右的环境下可以越冬，但是叶片会凋落。为了防止落叶，最好保证环境温度在10℃以上。尤其在冬季，要将其摆放在温暖且光线良好的位置。

▶ 想要让花烛开花，环境温度要高于17℃。

■ 浇水

▶ 4—10月的生长期内，土壤表面干燥时要充分浇水。根系较粗，不太适应过湿的土壤，如果盆土长期处于湿润的状态，根部有可能会腐烂。植株较耐干旱，但在极端干燥的情况下，叶片会从下方开始变黄而后凋落。建议在确认新芽叶色的基础上判断浇水量。

▶ 冬季应减少浇水次数。低温下花烛会停止生长，根部也不再需要水分，可以在土壤彻底变干后再浇水。花烛喜欢湿润的空气，冬季在确保温度适宜的前提下，可以用喷雾器为叶片喷水。

■ 害虫

▶ 光照不足或通风较差时，植株上会滋生介壳虫，可以通过为叶片喷水进行预防。

■ 换盆

▶ 根系满盆后，植株生长和开花情况都会变差。建议每隔一年的6—7月，将花烛移栽到透气性较好的土壤中。

▶ 移栽时若侧芽较多可以进行分株。一个花盆中种植两三株较为合适。

▶ 若叶片较少，移栽时可以施用基肥。

花烛刚刚长出花序，花序成熟后会变为橙色。叶片越多，花烛越容易开花。

用于赏花的经典花烛。除了白色的花序之外，红色、绿色、粉色、紫色花序的盆栽花烛也很受欢迎。

叶片大且有光泽的密林丛花烛。其野性且富有力量的美感广受大家的欢迎。

棒叶鹤望兰是鹤望兰的变种，其茎呈圆柱形，气质犹如现代艺术品。形似水缸的花盆造型简约且颇为稳固，让自由伸展的茎叶更显生机勃勃。

鹤望兰属
Strelitzia

- 不同的鹤望兰属植物，叶片的气质大不相同。

- 大鹤望兰有着华丽的热带氛围，鹤望兰因其绚烂的橙色花朵而颇受人们喜爱，而变种无叶鹤望兰、棒叶鹤望兰则气质干练、颇具个性。

- 鹤望兰属植物生命力强、易养活，根据家居风格挑选合适的种类也很有乐趣。

- 放在光线充足之处，新芽会茁壮生长，植株不断长大直至获得压倒性的存在感。

基本信息	拉丁学名	*Strelitzia*		
	科名·属名	芭蕉科·鹤望兰属		
	原产地	南非		
	光照需求	全日照	半日照	明亮散射光
	水分需求	喜湿	适中	微干

栽培要点

■ 光照

▶ 喜欢阳光直射，秋季至翌年春季要给予充分光照，但盛夏为防止叶片被晒伤应适当遮光。光照不足时茎会变细，叶片整体会向下弯垂。不发新芽或新芽长势衰弱也是由光照不足引发的。

■ 温度

▶ 夏季耐高温高湿，冬季较为耐寒。室内温度在2~3℃时可以顺利越冬。

■ 浇水

▶ 根系肉质，可以储存水分，因此耐干旱能力较强。春季至秋季生长较快，土壤表面干燥后要充分浇水。寒冷的冬季生长较缓慢，可以减少浇水次数，使土壤保持微干的状态。

▶ 缺水时叶尖会枯萎，变为褐色。

▶ 天气温暖时可以偶尔为叶片喷水，每年施用一两次肥料。

■ 害虫

▶ 光照不足及通风较差时，植株上易滋生介壳虫，可以通过为叶片喷水进行预防。

■ 分株

▶ 鹤望兰属植物会不断生发新芽，植株不断变大，当根系满盆时可以为其分株，分别移栽到不同的花盆中。喜欢排水性好的肥沃土壤。

大鹤望兰在自然条件下可长至10m左右，开白色或淡蓝色的花朵。叶片形态优雅，与复古风格的装饰搭配在一起更能凸显其存在感。

无叶鹤望兰是鹤望兰的变种，茎如笔般细直。栽种在细长、简约的花盆中，凸显其个性的同时也不露痕迹地装点了空间。

泽米铁属
Zamia

- 粗滚滚的树干大多藏于土中，上端的叶片呈放射状地伸展开来。叶轴左右两侧生有许多小叶，部分树种带刺。

- 小树苗会长大，应根据生长情况及时换盆。几年之后，泽米铁属植物的生长速度会放缓，可以长时间保持同一树形。

- 较易养活，存在感也比较强，适合新手栽培。

矮泽米是泽米铁属中的代表树种，微圆的叶片散发着温柔的气息。烟熏色的粗壮树干与绿松石色的叶片演绎出独特的墨西哥风格。根据风格进行搭配也是一种有趣的装饰方式。

拉丁学名	*Zamia*		
科名	泽米铁科		
原产地	美国南部，墨西哥		
光照需求	全日照	半日照	明亮散射光
水分需求	喜湿	适中	微干

■ 光照

▶ 尽量全年摆放在光照充足的位置。缺乏光照会引发枝叶徒长与弯垂等问题。

▶ 夏季最好让植物接受阳光直射，冬季则应放在窗边阳光充足的位置。

■ 温度

▶ 畏寒，如非温暖地区，应在冬季将其移入室内，以免遭受霜冻。环境温度在 10℃ 以上较为理想。

■ 浇水

▶ 耐干旱，畏湿。春季至秋季应在土壤干燥后再浇水，冬季每两周浇一次水即可。缺水也会造成叶片颜色黯淡或枯萎。

■ 害虫

▶ 光照不足或通风情况较差的话，春季至秋季植株上可能会滋生介壳虫，可以通过为叶片喷水来预防。

■ 换盆

▶ 泽米铁属植物的生长速度较慢，所以基本上不必担心根部会满盆。但随着土壤中的营养成分流失，植物会逐渐失去活力，最好每隔 4 年更换一次盆土，换土时最好选择排水良好的土壤。可以通过分株来增加植株数量。

狭叶泽米铁的枝叶向四面八方伸展，栽种在沉稳厚重的花盆中，更加凸显出枝叶的郁郁葱葱。

小盆的矮泽米。如同三叶草一般的叶片非常可爱。挑选花盆时要预估植株的长势，保证枝叶伸展后花盆不会倾倒。

佛罗里达泽米生长于松树林或橡树林中，枝叶柔韧优美，根部健壮粗糙，一半裸露于地表之上。生长缓慢，特别适合盆栽养护。

棕榈科
Arecaceae

🌿 加那利海枣是比较常见的棕榈科植物，常被用作
   海边的林荫树。其实，棕榈科还有着丰富的栽
   培种，非常适合用来装饰现代风格的室内空间。

🌿 棕榈科植物耐阴性较强、生长缓慢，满足优秀
   室内绿植的全部特点，令人喜爱不已。

🌿 与圆叶树木或干燥的仙人掌科植物搭配在一起，
   能够充分衬托出它的魅力。

圆叶蒲葵

拉丁学名	*Livistona rotundifolia*
属名	蒲葵属
原产地	亚洲东南部

圆叶蒲葵的特点在于其宽大的叶片，简
单的古铜色花盆衬托出叶片的鲜嫩质感。
干练的花盆与圆叶蒲葵这一组合适用于
任何室内风格，无论是亚洲式、欧式还
是现代风格，它们都能为空间增添一处
简洁的看点。

基本信息			
拉丁学名	详见具体树种		
科名	棕榈科		
原产地	详见具体树种		
光照需求	全日照	半日照	明亮散射光
水分需求	喜湿	适中	微干

栽培要点

■ 光照

▶ 喜欢阳光充足的位置，但夏季需避免阳光直射，最好放在有纱帘遮挡处。强光的照射可能会导致叶片发黄、焦枯。耐阴性较强，但若是置于背阴环境中，叶色会逐渐黯淡，植株还会滋生害虫。

■ 温度

▶ 低温会冻伤叶片，冬季应将其置于高于 5℃的环境中。耐寒温度因树种而异，耐寒性较差的树种，冬季宜移入室内进行养护。

■ 浇水

▶ 喜欢微湿的环境，土壤表面变干时应充分浇水。冬季则要减少浇水量。
▶ 喜欢湿润的空气，除浇水外，还可以用喷雾器为整棵树喷水，也可以用浇水壶从叶片上方浇水。

■ 虫害

▶ 高温且干燥的环境下，植株易滋生叶螨和介壳虫，通风不良也会导致介壳虫的滋生。可以通过为叶片喷水来预防。

■ 换盆

▶ 根系满盆后，根须会从盆底钻出，新芽的生长情况也会变差，发生这种情况则需要在 4—6 月进行换盆。每两三年换一次盆即可。

酒瓶椰

拉丁学名　*Mascarena lagenicaulis*
属名　酒瓶椰属　　原产地　马斯克林群岛

根部如同酒瓶一样鼓起，叶梢略泛橙色。生长缓慢，有一定的耐阴性，但耐寒性较差，环境温度最好高于 10℃。酒瓶状的部分可以储存水分，因此不要浇水过量。

小穗竹节椰

拉丁学名　*Chamaedorea microspadix*
属名　竹节椰属
原产地　美洲热带地区

小株的单干类棕榈科植物。耐寒性较强，但为避免霜冻，冬季应搬进室内养护。宽展的羽状叶片搭配纹理独具设计感的及腰花盆，现代感十足。

苇椰状竹节椰

拉丁学名　*Chamaedorea tenella*
属名　竹节椰属　　原产地　美洲中南部

学名在希腊语中有"小小的馈赠"之意。耐阴性、耐寒性、耐旱性皆强，并且不易滋生害虫，易于养护。有着金属光泽的叶片在略微遮光的环境下更容易显现出银色。绿叶与橙色花蕾的对比极具魅力。

窗孔椰子

拉丁学名　*Reinhardtia gracilis*
属名　窗孔椰属
原产地　中国，美洲热带地区

也被称为美兰椰子，叶片中央的网状纤维孔很是独特。过去曾在市面上销售过，但近来越发稀少。简单的花盆更有利于凸显排列整齐的纤细叶片。

矮棕

拉丁学名　*Chamaerops humilis*
属名　矮棕属
原产地　中国、日本

有一定的耐寒性，在中国南方地区养护可以在室外顺利越冬。对干燥或湿润的环境皆有耐受性，散射光或阳光直射下都能生长，是十分强健的树种。气质沉静，银蓝色的叶片既现代又干练。

3

气质温柔的绿植

鹅掌藤

Schefflera arboricola

🌿 鹅掌藤生命力较强，在市面上出售也较多。

🌿 树干柔软，生长迅速，可以打造多种造型。

🌿 凌厉、婀娜、霸气、温柔等风格均可驾驭，
   可根据自己的喜好选择树形，在室内任意
   搭配。

🌿 喜全日照，但即使光线稍差也能健康生长。

经反复修剪打造出的柔韧且轻盈
的树形与修长的现代花盆，共同
构成了流畅的线条。

拉丁学名	*Schefflera arboricola*		
科名·属名	五加科·南鹅掌柴属		
原产地	中国南部		
光照需求	全日照	半日照	明亮散射光
水分需求	喜湿	适中	微干

■ 光照

▶ 喜光照充足、通风良好的位置，但夏季需避免阳光直射。耐阴性较好，因此在摆放位置上不太受拘束，但光照不足或通风太差时，植株易滋生叶螨，从而导致植株萎蔫、落叶。至少应摆放在不会因阳光不足而影响生长的位置。

▶ 从缺少阳光的位置突然移动到阳光直射之处会导致叶片焦枯，因此建议缓慢移动。

■ 温度

▶ 有一定的耐寒能力，在中国南方地区养护可以在室外顺利越冬，但叶片有可能会被冻伤，因此冬季应尽量移至室内养护。

■ 浇水

▶ 土壤表面变干时需充分浇水。较为耐旱，少量浇水能使植株更加紧实、健康。

▶ 冬季土壤很难变干，所以应减少浇水次数。若空气干燥，可以选择在温暖的上午为叶片喷一些水。

▶ 夏季生长期要避免植物缺水。

■ 虫害

▶ 光照不足、通风差，以及空气干燥都容易引发叶螨的滋生。应尽早发现，及时驱虫。若放任不管，可能导致植株枯死。可通过为叶片喷水来预防。

■ 修剪

▶ 全年皆可修剪。生长速度快，枝条通常笔直伸展，如果枝条的平衡被打破或是某一枝长得过长，应及时修剪。

▶ 开花时树的营养会向花朵聚集，这时容易滋生蚜虫。为了植株的健康，应尽早将花朵剪去。

将枝条剪短，让整体看起来更为紧凑、茂密。浑圆的树冠给人柔和的印象。选择了天然材质的简洁花盆，让空间更加舒适。

鹅掌藤是半附生植物，枝上生有很多气生根。枝叶较细，将其栽种到复古风的花盆中，营造一种自然的美感。

种类繁多的南鹅掌柴属植物

　　市面上有多种南鹅掌柴属绿植，其中最具代表性的就是鹅掌藤，此外还有多蕊木等。大小、树形和叶片的多样性赋予了南鹅掌柴属植物丰富的个性，使其可广泛应用于多种场景。简约的树形不会太过喧宾夺主，与花盆进行搭配也别有乐趣。

鹅掌藤'星耀'

原产于亚洲东南部，叶片形如豆荚，祖母绿色的格纹使其更显成熟且独特。叶片的凹陷纹理虽然美观，但也为介壳虫提供了滋生场所，建议经常给叶片喷水来预防。

狭叶鹅掌柴

细长的叶片既适合现代风格的装饰，也与日式风格颇为契合。若花盆选择得当，也可以与简约风的家居进行搭配。

端裂鹅掌藤

叶片小巧可爱，叶尖有裂痕。对枝条加以弯折修剪，婀娜的姿态
与怀旧风花盆相得益彰。

端裂鹅掌藤（斑叶）

与绿叶相比，带有花纹的端裂鹅掌藤叶片更为纤细。应避免摆放
在通风差或光照不足的环境中。斑叶与黑盆的强烈对比，非常适
合冷淡风的室内装修。

鹅掌藤'金波'

带有花纹的叶片为植物增添了色彩，让整体层次更加分明，是用
于组合搭配不可多得的好拍档。

鹅掌藤'康帕科特'

上方线条流畅的枝条与弯折的树根形成了鲜明对比。花盆也选用
了简单的样式以衬托植物的美。

多蕊木
Tupidanthus calyptratus

🌿 多蕊木生长迅速，树干可进行弯曲或增粗，适合打
造具有冲击感的造型。

🌿 叶色浓绿，叶片宽大柔软，在光照充足的位置就能
茁壮生长，可以适当修剪保持树形。

图中的造型方式被称为"悬崖式"，试图塑造出生长于断崖边的植物的模样。模仿大自然中树木的姿态，将绿植摆放在架子上，形成自然的景观。

基本信息

拉丁学名	*Tupidanthus calyptratus*		
科名·属名	五加科·多蕊木属		
原产地	印度、马来半岛及部分亚洲热带地区		
光照需求	全日照	半日照	明亮散射光
水分需求	喜湿	适中	微干

栽培要点

■ 光照

▶ 光照充足的室内是多蕊木最为理想的生长环境。夏季要避开阳光直射，建议摆放在有纱帘遮挡的明亮位置。置于半阴处的多蕊木若浇水过多，有可能发生枝条徒长、根腐病等问题，因此不建议长期放置在半阴场所。如果植株不发新芽，请移动到光线良好的位置。

■ 温度

▶ 多蕊木对夏季高温高湿环境的耐受性较强，室内养护时需确保有良好的通风，以防止闷根。其耐寒能力较差，在室外养护时，10月下旬宜移至室内光线充足的明亮之处。

■ 浇水

▶ 春季至秋季，土壤表面变干时要充分浇水。冬季土壤很难干燥，应减少浇水次数。尽量不要在冬季的夜晚浇水或喷水，以免冻伤植株，建议在气温稍高的上午浇水。

▶ 光照较差时，过量浇水很可能导致植物根部腐烂。因此，浇水前需确认土壤的干燥程度，当叶片开始下垂时再浇水。

■ 虫害

▶ 光照不足、通风差，以及空气干燥时，植株容易滋生叶螨和介壳虫。这些害虫经常出现在新芽上，一经发现应剪除新芽。为叶片喷水可以预防害虫。

■ 换盆

▶ 多蕊木换盆一般在5—9月的生长期进行。如果植株根系发育尚未成熟，或是需要更换土壤种类，换盆之后需要注意摆放的位置。最好放在光照充足且不受夏季阳光直射的位置。

■ 修剪

▶ 植株枝叶杂乱、新芽过长、重心偏移时需要进行修剪。可修剪枝叶密集的部位，改善通风的同时，对于预防病虫害也有一定效果。生长点仅有一处的情况下，观察枝条的状态，一旦开始生长就将叶片剪去，切口处就会长出新芽。

这是一棵笔直生长的大型多蕊木。上部枝条郁郁葱葱，典雅的树形与用废旧木材制作的个性花盆相搭配，与室内风格非常协调。

弯曲的树干是多蕊木的标志。如果顶端的叶片与其他处的叶片相比显得过大，可以对其加以修剪，分枝之后新生的叶片会略小一圈。

发财树（马拉巴栗）

Pachira glabra

- 发财树生命力强，根部强健，容易养活。生长速度快，容易发侧芽，树干增粗或弯曲后能打造出多种造型。
- 不同的树干造型给人的印象会大不相同，因此能广泛搭配于各类装修风格中。
- 抗病性强，耐阴性好，很适合在室内养护。
- 树干顶端会不断长出枝茎和叶片，所以需要经常对其进行修剪。

这是一棵叶片上有着类似迷彩纹的发财树锦，蜿蜒交缠的两根树干各具魅力。养护时既要避免阳光直射，也要避免光照不足。

拉丁学名	*Pachira glabra*		
科名·属名	锦葵科·瓜栗属		
原产地	美洲热带地区		
光照需求	全日照	半日照	明亮散射光
水分需求	喜湿	适中	微干

栽培要点

■ 光照

▶ 全年都要避免阳光直射，在背阴处可以生长，但光照太弱的话枝条会徒长，不仅会导致树形变得散乱，还易滋生害虫。

▶ 直射的阳光会晒伤叶片，因此尽量放在上午朝阳、下午背阴的位置，或是全天都有明亮散射光的位置。

■ 温度

▶ 耐高温高湿，夏季保持良好的通风即可，冬季则要摆放在室内温暖之处。如果叶片受损，则要更换摆放位置。

■ 浇水

▶ 在 5—9 月的生长期，一旦土壤表面变干就要充分浇水。拉开浇水间隔，使土壤处于微干的状态，当土壤表面彻底干燥后再浇水。秋季至冬季应逐渐降低浇水频率，寒冬时在土壤变干两三日后再浇水。但是，若冬季的环境温度在 15℃ 以上，即可按正常频率浇水。总而言之，浇水不宜过多。

■ 修剪

▶ 当根系布满花盆、生长空间不足时，叶片会从下方开始脱落。此时应剪去叶片已经掉光的枝条，重新为其造型。新芽急速生长，破坏树形时也需要修剪。发财树生长旺盛，无论缩剪枝干的哪个部分，侧面都能长出新芽。

树干粗胖，即使是小型盆栽也会长出宽大的叶片，因此需要经常修剪，保持树形的美观。

树干下方弯曲，上方笔直向上。经长期反复修剪才打造出这盆充分展现发财树特性的盆栽。花盆的材质与形状都极为质朴，更能凸显出树枝的纤细。

垂叶榕

Ficus benjamina

🍃 叶片较小，枝叶葱茏同时又纤弱柔软。

🍃 树干细长且柔韧，叶片过多时枝干会
向下弯垂。适度修剪有利于树干增粗
和保持平衡，树形也会更为赏心悦目。

🍃 较易养活，但是突然移动或摆放位置
不当可能会导致叶片凋落。

🍃 对环境的适应能力较强，若新环境中
的垂叶榕能够生出新芽就说明环境较
为合适。

叶色深绿，树干在基部附近一分
为二，整棵树都显得枝繁叶茂。
选用了与大地连成一片的白色花
盆，沉甸甸的质感更凸显了叶片
的柔软。

基本信息		
拉丁学名	*Ficus benjamina*	
科名·属名	桑科·榕属	
原产地	亚洲热带地区	
光照需求	全日照　半日照　明亮散射光	
水分需求	喜湿　适中　微干	

栽培要点

■ 光照

▶ 喜光照，应尽量摆放在阳光充足的位置。光照可以使叶片更有光泽，植株更加健壮。在春季至秋季的生长期内，可将其摆放在室外光线好的地方。

▶ 若突然从明亮的位置移动到暗处，叶片会因为环境的急剧改变而凋落，因此需视情况缓慢移动。

■ 温度

▶ 耐寒性较差，室外养护的垂叶榕宜在 10 月挪入室内，摆放在温暖、明亮的位置。

■ 浇水

▶ 春季至秋季，土壤表面变干时应充分浇水。春季至夏季的发芽期切忌水分不足，偶尔可以用喷雾器为叶片喷水。冬季应在土壤表面变干两三日后再浇水，保持土壤微干是冬季养护绿植的诀窍。

■ 虫害

▶ 光照不足或通风较差时，植株上会滋生介壳虫和叶螨，可以通过为叶片喷水来预防。

▶ 害虫不仅会吸食植物的养分，其排泄物还会引发煤污病。叶片表面如果出现了黏着物，应立即用杀虫剂驱虫。确保良好的光照与通风是关键。

■ 换盆

▶ 垂叶榕植株会越长越大，可在 5—7 月将其移栽到更大的花盆中。土壤排水变差时即可换盆，每两三年进行一次即可。根系挤满花盆有可能导致叶片从下方开始脱落。

■ 修剪

▶ 垂叶榕生长速度快且耐修剪，因此可以在任意时间修剪。为了保持树形平衡和通风顺畅，通常会将小枝上的叶片剪掉。

▶ 新芽过多时，老叶会发黄，继而掉落，因此建议剪去长势过旺的叶片。

这棵垂叶榕叶色较浅，被修剪成了顶部微圆且茂密的自然树形，树干中段微微弯折，选用了古铜色的厚重花盆帮其稳住重心。繁茂的垂叶榕也可以用作家里的隔断。

这是一棵小型垂叶榕盆栽，叶片上带有白色斑纹，可以为室内增添一丝清新而优雅的气质。斑叶品种一般较为娇弱，秋季至翌年春季宜摆放在光照充足的位置，夏季则要注意遮光。

榕树

Ficus microcarpa

- 自然环境下，榕树可长至 20m，树干上会长出很多气生根。

- 市面上出售的榕树树形有大有小，树干有粗有细，种类繁多。

- 榕树喜水，但也不要过度浇水。摆放在光照充足的位置，待土壤变干后再充分浇水有助于其茁壮生长。

拉丁学名	*Ficus microcarpa*		
科名·属名	桑科·榕属		
原产地	中国、日本、亚洲东南部		
光照需求	全日照	半日照	明亮散射光
水分需求	喜湿	适中	微干

■ 光照

▶ 榕树需要良好的光照与通风，春季至秋季将其摆放在室外光照充足的地方可以使其生长得更加健壮。晚秋建议挪到室内光照充足的位置。光照不足会引发枝条徒长、叶片光泽变差并且凋落。

■ 温度

▶ 最低可以在5℃的环境中生长，5℃以下叶片会变黄、凋落，因此冬季建议在室内养护。即使叶片脱落了，在保证温度及空气湿度的情况下，植株在春季也能复活，重新发芽。

■ 浇水

▶ 春季至秋季榕树生长尤其旺盛，需要大量水分，但仍要注意在土壤表面变干后再充分浇水。缺水时，叶片将从上方开始枯萎。

▶ 为了提高空气的湿度，可以用喷雾器为叶片喷水。

▶ 光照不足时不要过度浇水。以是否能生发新芽为标准来选择摆放位置。

■ 换盆

▶ 土壤排水变差或根须从盆底钻出时应及时换盆。榕树比较容易发生根系满盆的情况，建议每两年确认一次根部状态。

■ 修剪

▶ 榕树能长成高大的乔木，根据整体树形可在每年5—6月进行剪枝。剪枝后会长出更多新的枝条，树形会更加茂密且对称。根据树的生长情况，可以将细枝上未长出叶片的部分剪断，切口处将长出新芽。

▶ 长势过旺的枝条会破坏树形整体结构，可以将其剪短，仅留一两组叶片即可。杂乱的枝条或是妨碍其他枝条生长的强势粗枝可以从枝根处剪断。至于其他枝条，可以根据树形剪掉1/3~1/2，以改善通风。

仿照野生的高大榕树制作的小型盆栽。从小小的绿植身上能感受到自然的气息。枝条偶尔会伸展过长，需要细心修剪来维持盆栽的精致感。

熊猫榕叶片厚实、圆润，是由圆叶尖阁榕突变而产生的。枝条易于修剪和弯折，同时气生根更凸显了其作为榕树的特质。

这棵大型的羽叶南洋参枝干弯曲，姿态动人。在枝干尚为绿色时进行弯曲造型，赋予其独特个性。柔软的叶片与陶制花盆相得益彰。

南洋参
Polyscias fruticosa

- 南洋参非常适合摆放在风格优雅的空间中，春季至秋季出售较多。

- 树形别具一格，令人眼前一亮。带有细小裂痕的叶片十分独特，繁茂的枝叶有一种森林般的美感。

- 喜阳，在半阴环境中也能生长。耐寒性较差，摆放在半阴处的南洋参在冬季不要浇水过多。

基本信息	拉丁学名	*Polyscias fruticosa*		
	科名·属名	五加科·南洋参属		
	原产地	亚洲热带地区，波利尼西亚		
	光照需求	全日照	半日照	明亮散射光
	水分需求	喜湿	适中	微干

栽培要点

■ 光照

▶ 喜阳，春季至秋季可以在室外养护，但盛夏时节要适度遮光。将原本摆放在室内的南洋参突然挪至阳光直射的地方会导致叶片焦枯。冬季应尽量摆放在阳光充足的温暖室内。

▶ 从全日照环境挪到半阴位置后，老叶会因为环境的变化而掉落。但因南洋参对环境的适应能力较强，所以不必焦急，按照原本的频率浇水即可，如果可以长出新芽就说明其能适应新环境。

■ 温度

▶ 适宜在20℃左右的温暖场所种植。耐寒性差，至少要保证环境温度有10℃。急剧的温度变化对植物并不友好，因此不要突然将植物移动到寒冷的位置。冬季宜摆放在温暖的向阳处。

■ 浇水

▶ 夏季，根部吸水能力强，土壤表面变得干燥时应充分浇水。高温时期可以用喷雾器为叶片喷水。

▶ 冬季气温低，根部吸水能力会变差，要避免浇水过量，根据土壤的干燥程度来调节浇水频率。冬季应在温暖的上午浇水。摆放于散射光下的南洋参浇水频率同样不宜过高。

■ 虫害

▶ 春季至秋季，南洋参容易滋生叶螨、介壳虫、粉蚧。摆放于干燥室内的南洋参很容易滋生叶螨，为防患于未然，最好经常为叶片喷水或用湿布擦拭叶片。

■ 修剪

▶ 可在春季加以修剪，减少枝条的数量以改善通风、预防虫害、调节生长平衡。根蘖或树干上经常会生出细小的侧芽，剪去这些无用的芽是十分有必要的。

左侧是叶片带有斑纹的南洋参'冰雪公主'，右侧为蝴蝶南洋参。只有枝干柔软、易弯折的南洋参才能做出这般蜿蜒的造型。

叶片上带有细小的裂纹。南洋参的拉丁学名为 *Polyscias fruticosa*，在希腊语中，"poly"意为繁多，"scias"意为影子。

这是一棵树干笔直的中型羽叶南洋参。整体呈自然树形，较易打理，但为了调节叶片的重量及分枝，仍需要适当修剪。考虑到将来叶片将逐渐变多，选用了颇为稳固的大型花盆。

猴耳环
Archidendron clypearia

- 猴耳环叶片白天展开，夜晚闭合，纤细温柔的姿态悠然地散发着魅力，无论家居风格是田园的、现代的，还是复古的，都可以用猴耳环进行装饰。

- 喜光照，枝叶较为繁茂，夏季可以放在室外养护，10月末需搬回室内。

- 植株适应环境后，在半阴的位置也能生发新芽。

- 生长期需充分浇水并确保通风良好。

图中这棵密叶猴耳环充分展现了枝干的柔韧优雅，清爽的白色花盆衬托得叶片更加明亮、鲜绿。

基本信息	拉丁学名	*Archidendron clypearia*		
	科名·属名	豆科·猴耳环属		
	原产地	亚洲、非洲		
	光照需求	全日照	半日照	明亮散射光
	水分需求	喜湿	适中	微干

栽培要点

■ 光照

▶ 喜光照，适宜摆放在阳光充足的明亮位置。在有散射光的环境中也可以生长，但容易发生病虫害。

■ 温度

▶ 耐寒性差，冬季应摆放在10℃以上的温暖室内。夏季在室外可健康生长。

■ 浇水

▶ 土壤表面变干时需充分浇水。叶片白天展开，夜晚闭合。缺水时，叶片为了减少蒸腾作用，白天可能不再展开。

▶ 高温时期可以经常用喷雾器为叶片喷水。

■ 虫害

▶ 光照不足或通风不畅时，植株容易滋生介壳虫。可以通过为叶片喷水来预防。

▶ 因缺水而变得虚弱的猴耳环尤其容易滋生害虫，一经发现须立刻进行驱虫。

■ 换盆

▶ 猴耳环的根部较细，容易布满花盆，当根须从盆底钻出或是土壤排水变差时就需要为植株换盆。换盆频率大概为每两三年一次。

■ 修剪

▶ 将下垂的老叶剪去，留下新叶，有利于通风的同时还能使枝叶保持向上生长的状态。使枝干维持较细的状态为宜。如果将枝干短截，枝干会逐渐增粗，树形也会随之改变。

小型猴耳环也很有人气，不过小型盆栽的水分流失更快，需要多加注意。与大型盆栽相比，其在光照和通风方面需要更加精心的照料。

经反复修剪后打造出的粗壮树干极具观赏价值。猴耳环的枝叶会朝四面八方伸展，为了搭配这种树形，特意选用了竖长形的花盆。这张照片的拍摄时间为傍晚，叶片正在慢慢闭合。

新芽呈茶色，覆有茸毛。修剪时将新芽一侧过长的枝条剪去即可。

童话树

Sophora prostrata 'Little Baby'

- 全世界大概有 50 种槐属植物，童话树是新西兰槐的栽培种。
- "之"字形生长的树枝与小巧可爱的叶片都极具魅力，与田园式的家居风格最为相称。
- 原种可以长至 2m，但市面上出售的多为小型盆栽，春季至初夏会有橙黄色的花朵开放。

自由延伸、分枝的枝条颇
有特色。耐寒能力较强，
容易养活。

基本信息	拉丁学名	*Sophora prostrata* 'Little Baby'		
	科名·属名	豆科·苦参属		
	原产地	新西兰		
	光照需求	全日照	半日照	明亮散射光
	水分需求	喜湿	适中	微干

■ 光照

▶ 宜全年放置在光照和通风良好的位置。

■ 温度

▶ 耐寒性较强，根系发育完全的植株可以在室外越冬，但要避免低温及霜冻。在寒冷地区种植的童话树宜搬至室内越冬。

▶ 不适应夏季闷热的天气，为防止闷根应改善通风条件。

■ 浇水

▶ 土壤表面变干时应充分浇水，冬季需要降低浇水频率，使土壤保持微干的状态。

■ 其他

▶ 最好栽种在排水性好的土壤中。

▶ 很少发生病虫害，但夏季闷热时节宜将其摆放在通风顺畅的位置。

▶ 不要过度施肥，否则叶片将长得过大。

这是一棵罕见的大型童话树。自然向上生长的树干颇为独特，极简的褐色花盆进一步凸显了叶片的纤细。

"之"字形树枝的节间冒出了俏皮可爱的小叶。

合果芋

Syngonium podophyllum

- 在郁郁葱葱的丛林之中，合果芋常常攀附着其他植物生长。

- 柔软低垂的枝叶带有斑纹，搭配高挑的花盆更能凸显枝叶婀娜的曲线。

- 直射的阳光容易晒伤叶片，缺乏阳光的话叶片又会失去光彩。但一旦找到合适的位置，合果芋就能依靠自然的力量勃勃生长。

合果芋品种众多，叶片上有不同的颜色与纹路，可以将多株合果芋组合起来，搭配出心仪的盆栽。

基本信息	拉丁学名	*Syngonium podophyllum*		
	科名·属名	天南星科·合果芋属		
	原产地	美洲热带地区		
	光照需求	全日照	半日照	明亮散射光
	水分需求	喜湿	适中	微干

栽培要点

■ 光照

▷ 宜全年放置在有纱帘遮挡的明亮位置。

▷ 强光直射下叶片容易焦枯。光照过少时叶片容易变小，枝条徒长，柔弱不堪，此时应尽快更换摆放位置。建议根据叶片的状态来判断光线是否合适。

■ 温度

▷ 耐高温高湿，但仍需注意保证通风顺畅。耐寒性极差，在7℃以上的环境温度下才能顺利越冬。

温度过低时叶片会从下方开始枯萎，甚至整株植物都会被冻伤，因此请务必将其摆放在温暖的室内。

■ 浇水

▷ 春季至秋季，合果芋极易缺水，土壤表面变干后应充分浇水，但也不要过量。光照不足的情况下，过度浇水会引发枝条徒长。

▷ 冬季应降低浇水频率，土壤表面变干数日后再浇水，或者在叶片开始弯垂时浇水。

▷ 缺水会损伤叶片，尽量避免此类情况发生。

■ 分株

▷ 若侧芽增多，可以在5—9月的生长期内进行分株。

■ 其他

▷ 新芽长出后，老叶将逐渐枯萎，可将老叶剪除。

合果芋是一种蔓性植物，最初枝叶会旺盛地向上生长，植株变得茂密之后，枝条会逐渐下垂而叶片则会朝着太阳的方向生长，因此需要经常转动盆栽让叶片的姿态更匀称。为繁茂的叶片挑选合适的花盆，然后耐心等待叶片低垂之日的到来。

蕨类植物
Pteridophyta

- 蕨类植物适合生长于柔和的光线之下，全世界分布着众多蕨类植物。翁翁郁郁且色泽优美的叶片极适宜用来提升家居格调。

- 对于偏爱柔和光线和顺畅通风的环境的人来说，用蕨类植物来装饰居室是非常舒适的选择，整个空间将变得十分治愈。

- 蕨类植物喜水：需要在土壤变干之前浇水，但也不要使植物始终处于潮湿的状态。及时清理托盘中的水，尽量将其摆放在通风良好的位置。

高大肾蕨

拉丁学名
Nephrolepis exaltata
科名·属名
肾蕨科·肾蕨属
原产地
热带及亚热带地区
光照需求 半日照
水分需求 喜湿

这是西洋肾蕨的一个栽培种。养护时要避免植物缺水，土壤变干后需充分浇水。宜栽培在通风好且光线明亮的室内，但要避免阳光直射。室内温度需保持在10℃以上。

肾蕨

拉丁学名
Nephrolepis cordifolia
科名·属名
肾蕨科·肾蕨属
原产地
热带及亚热带地区
光照需求 半日照
水分需求 喜湿

肾蕨常簇生于海岸或悬崖等略微干燥但光照充足的地方。据说是出现于4亿年前的古老的植物。栽培方法同高大肾蕨。在中国南方地区栽培时可以在室外越冬。

波士顿肾蕨

拉丁学名
Nephrolepis exaltata
'Scottii'
科名·属名
肾蕨科·肾蕨属
原产地
美洲热带地区
光照需求 半日照
水分需求 喜湿

这是西洋肾蕨的一个栽培种。柔软而紧密的叶片具有鲜明的特点，简单的石头方盆为其增添了现代日式风情。栽培方法同高大肾蕨。

荚果蕨

拉丁学名
Matteuccia struthiopteris
科名·属名
球子蕨科·荚果蕨属
原产地
日本，北美洲
光照需求
明亮散射光
水分需求 喜湿

荚果蕨别名"黄瓜香"，是一种野菜。喜略微潮湿的环境，最好放置在明亮散射光之下。适宜摆放在通风良好的位置，但耐热性与耐旱性较差，养护时应避免植物缺水。

桫椤

拉丁学名
Alsophila spinulosa
科名·属名
桫椤科·桫椤属
原产地
亚洲东南部
光照需求 全日照
水分需求 喜湿

这是一种根茎能直立生长的木本蕨类植物，一般在市面上出售的多为笔筒树这一树种。喜光照，最好放在明亮且略微潮湿的环境中。一旦缺水很难复活，需多加注意。湿润的空气也是它的最爱。

心叶蕨（泽泻蕨）

拉丁学名
Parahemionitis cordata
科名·属名
凤尾蕨科·泽泻蕨属
原产地
亚洲热带地区
光照需求
明亮散射光
水分需求 喜湿

因叶片形状类似心形而得名。缺水时叶片会变成圆形，宜在通风良好且不受阳光直射的地方栽培。有一定的耐阴性，但若长期处于背阴环境中，植物会萎蔫。

Chapter 3 气质温柔的绿植

凤尾蕨属

拉丁学名 *Pteris*　科名　凤尾蕨科
原产地　热带及温带地区
光照需求　明亮散射光　水分需求　适中

凤尾蕨属包含约 300 种植物，市面出售的多为具有一定耐寒性的热带品种，冬季需搬入室内养护。宜摆放在通风较好的位置，土壤表面变干后充分浇水即可，新手也能轻松养护。上图为凤尾蕨属植物的混植盆栽。

铁角蕨属

拉丁学名 *Asplenium*　科名　铁角蕨科
原产地　热带及温带地区
光照需求　半日照　水分需求　适中

铁角蕨属包含巢蕨、大鳞巢蕨等 700 余种植物，喜欢柔和的光线，但缺乏光照叶片会枯萎至茶色，适宜摆放在窗边有纱帘遮挡的明亮位置。土壤表面变干后需充分浇水，并摆放至通风良好的位置。

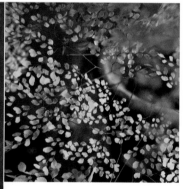

铁线蕨属

拉丁学名 *Adiantum*　科名　凤尾蕨科
原产地　美洲热带地区
光照需求　半日照　水分需求　喜湿

黑色的枝茎与细小的叶片如同羽毛般散开，优美至极。强光可能会导致叶片焦枯、卷曲，尽量将其摆放至室内明亮之处，避免阳光直射。畏干燥，易缺水，除冬季之外，土壤半干时便应浇水。夏季宜早晚各浇一次水，并仔细给叶片喷水。为防止植物闷根，确保良好的通风也十分重要。

高山羊齿

拉丁学名 *Davallia mariesii*
科名·属名 骨碎补科·骨碎补属
原产地 危地马拉
光照需求 半日照 水分需求 适中

高山羊齿的特点在于根茎被茸毛覆盖，其外形与下方的骨碎补极为相似，但原产地不同。清新的叶片为炎热的夏季带来凉爽之感。夏季叶片会重新长出，但冬季枝上依然留有叶片。在中国南方地区栽培时可以在室外越冬，但要防止植株受到霜冻。除此之外，栽培方法与骨碎补基本相同。

骨碎补

拉丁学名 *Davallia tricomanoides*
科名·属名 骨碎补科·骨碎补属
原产地 亚洲 光照需求 半日照 水分需求 适中

生命力十分旺盛，可以在通风顺畅的室内栽培。阳光充足的情况下，植株会很健壮，但夏季为防止植株被晒伤，需将其移动到半日照的环境中。土壤表面变干后需充分浇水，为叶片喷水也有一定效果。初春时剪去老叶，初夏时将长出新叶。耐寒性略逊于高山羊齿。

金水龙骨

拉丁学名　*Phlebodium aureum*
科名·属名　水龙骨科·金水龙骨属　原产地　美洲热带地区
光照需求　明亮散射光　水分需求　适中

微微泛蓝的绿叶十分优雅，干燥的叶片质感也颇为有趣。喜欢温暖且湿润的场所，但也能适应干燥的环境，因此很容易照料。直射的阳光有可能会晒伤叶片，夏季尽量放在有纱帘遮挡的明亮位置，但光照不足也会导致叶片失去光泽。此外，确保空气流通与不过量浇水也很关键。

多足蕨属

拉丁学名　*Polypodium*
科名　水龙骨科
原产地　热带及温带地区
光照需求　明亮散射光　水分需求　适中

多数多足蕨属植物的叶片顶端会长出如鸡冠般的细小分叉。光照不足时也会出现分叉，同时叶片枯黄，新芽也很难生发。此时需要将其移动到光线良好的地点。通风不良时，植株会滋生介壳虫。栽培方法同金水龙骨，是易于照料的植物。

海金沙叶观音座莲

拉丁学名　*Angiopteris lygodiifolia*
科名·属名　合囊蕨科·观音座莲属
原产地　中国台湾地区
光照需求　明亮散射光　水分需求　适中

这是一种大型蕨类植物，叶片可长至1m。老叶脱落处会结出黑褐色的块状物，其上又会长出数枚新叶。盆栽植株大约每长出一片新叶，就会有一片老叶枯萎，将老叶剪掉即可。喜欢不受阳光直射的明亮场所，有一定的耐阴性，不发新芽时可将其搬至明亮的位置。偏爱高湿的环境，土壤表面变干时应充分浇水。通风不良时根部容易发霉，因此浇水后要保证良好的通风。光照不足时要避免浇水过度。

优美低垂的绿植

白粉藤属
Cissus

🍃 白粉藤属植物广泛分布于热带及亚热带地区，约有350种，其中有若干种被培植成了观叶植物。

🍃 作为室内绿植中具有代表性的蔓性植物，其叶色甚是丰富。柔韧低垂的枝条可以与家居完美融合。

🍃 将其悬挂于天花板，或是摆在架子上让枝条向下弯垂，抑或是让其在墙壁攀缘……不同的装饰方式可以展现出它的多重魅力。

菱叶白粉藤原产于美洲热带地区，照片中为其栽培种棕叶粉藤。其生长速度快，枝叶繁茂，因此很受大家喜爱，与复古风格的家居搭配最佳。在光照不太充足的地方也能茁壮生长。

基本信息	拉丁学名	*Cissus*		
	科名	葡萄科		
	原产地	热带及亚热带地区		
	光照需求	全日照	半日照	明亮散射光
	水分需求	喜湿	适中	微干

■ 光照
▶ 宜摆放在室内的明亮位置。盛夏的直射阳光过于强烈，可能会晒伤叶片，此时宜放在仅上午有阳光的位置，或是放在明亮散射光的环境中。其他季节，直射的阳光有利于植物生长得更为健壮。

▶ 缺乏光照会导致植株茎部纤弱无力、叶色黯淡无光，长势也会变差。

■ 温度
▶ 不耐寒，冬季需保持环境温度高于 10℃，建议摆放在温暖且光照充足的位置。

■ 浇水
▶ 土壤表面变干后应充分浇水。耐旱能力相对较强，不要过度浇水。湿度过高时根部会腐烂，整棵植株都将死亡，因此要注意保持良好的通风。

▶ 在寒冷的冬季，植株的生长速度会放缓，此时宜将其置于略微干燥的环境中。土壤表面变干两三日之后再浇水即可。

■ 虫害
▶ 白粉藤属植物本身不易滋生害虫，但因缺乏光照而萎蔫的植株上容易出现叶螨和介壳虫等害虫，可以通过为叶片喷水来预防。

■ 换盆
▶ 如果根部附近的叶片开始枯萎，说明根部已经布满整个花盆，此时需要为其换盆。

甜心蔓为白粉藤的一款栽培种，其因可爱的叶片形状而备受大众喜爱。耐寒能力差，冬季宜放在室内养护。土壤干得较快，需及时浇水。

这是一株气质优雅的菱叶白粉藤。将其高高悬挂起来，更加凸显了其纤长的藤蔓。

澳洲白粉藤原产于澳大利亚，叶片圆润，无叶裂。其在复古风花盆的映衬下显得更有魅力。

洋常春藤

Hedera helix

- 🍃 枝节之间生有气生根，能附着在墙壁或树木之上，而后攀爬蔓延开。

- 🍃 叶片的颜色与形状十分丰富，在许多地方都能看到用洋常春藤打造的绿植墙。

- 🍃 有时会出现落叶的情况，但多是由于环境变化或是新芽生发而引起的，整体来说属于强壮且易养活的植物。

这是一盆洋常春藤，细长蜿蜒的藤蔓是其主要特点。

基本信息	拉丁学名	*Hedera helix*		
	科名·属名	五加科·常春藤属		
	原产地	欧洲		
	光照需求	全日照	半日照	明亮散射光
	水分需求	喜湿	适中	微干

栽培要点

■ 光照

▶ 尽量摆放在光照充足的位置。但是盛夏的直射阳光过于强烈，可能会晒伤叶片，此时应将其放在仅上午有阳光的位置，或是放在有明亮散射光的环境中。

▶ 耐阴性较强，在散射光环境中也可以生长，但充足的光照能使叶片更有光泽。若长期置于全阴环境中，植株将无法生出新芽。

▶ 如果光照不足，花叶品种叶片上的纹路会变淡甚至消失。

▶ 难以适应环境的剧烈变化，挪动位置后叶片可能会突然开始掉落，但是通常会马上长出新叶，无须过多担心。

■ 温度

▶ 有一定的耐寒能力，环境温度保持在3℃以上即可安全越冬。

■ 浇水

▶ 春季至秋季，土壤表面变干后宜立即浇水。有一定的耐旱性，但土壤完全干燥后，叶片会从下方开始脱落。冬季长速较慢，可以减少浇水次数，使土壤保持微干的状态。

■ 虫害

▶ 通风不良时植株容易发生病虫害，尤其是在背阴环境中植株很可能会滋生叶螨。不要过度浇水，可以通过为叶片喷水加以预防。

■ 换盆

▶ 洋常春藤生长旺盛，放任不管的话根系会迅速长满花盆。每一两年应更换一次花盆，换盆时间以5—9月为宜，并避开极端酷热的天气。

洋常春藤有众多栽培品种，有的叶片带有斑锦，有的叶片卷曲，可根据个人喜好自由选择。图中从左上方开始顺时针依次是'梅拉妮''金斯特恩''点金''冰川'。

绿萝

Epipremnum aureum

- 绿萝姿态典雅，百看不厌，是最具代表性的观叶植物之一。在垂吊植物中属于生命力旺盛且易于栽培的类型。

- 品种多样，其中绿叶品种由于易于搭配而颇受欢迎。

- 茎部能够储存水分，因此浇水不宜过量，可以时常为叶片喷水。茎部过长的话叶片会脱落，需适度修剪。

这是一盆与家居适配度极高的青叶绿萝，其原种本身叶色较淡。青叶绿萝生长速度快，当藤蔓较长时，可以将其吊在高处来装饰空间。

基本信息	拉丁学名	*Epipremnum aureum*		
	科名·属名	天南星科·麒麟叶属		
	原产地	所罗门群岛		
	光照需求	全日照	半日照	明亮散射光
	水分需求	喜湿	适中	微干

栽培要点

■ 光照

▶ 养护绿萝时应避免强烈的阳光。春季到秋季，将绿萝置于能接收透过纱帘的柔和光线处最为合适，冬季宜放在室内光照充足的场所。

▶ 耐阴性强，在背阴处也可以生长，但环境太过阴暗枝条会徒长，植株长势也会变差，因此应尽量将其摆放在明亮的地方。

■ 温度

▶ 冬季需将绿萝摆放在5℃以上的室内空间。如果室内开有暖气，藤蔓也能继续生长。

■ 浇水

▶ 春季到秋季，土壤表面变干后需充分浇水。茎部可以储存一些水分，浇水过度会导致根部腐烂。

▶ 温度低于20℃时，植株吸水能力会下降，此时应减少浇水次数。土壤表面变干两三日后再浇水即可。

▶ 喜欢湿润的空气，可以用喷雾器为叶片喷水，同时还能预防叶螨和介壳虫的滋生。

■ 虫害

▶ 通风不佳时植株上易滋生叶螨和介壳虫。如果植株突然萎蔫，有可能是由害虫引起的，须尽快排查。

■ 修剪

▶ 枝条过长时营养很难供给至枝梢，枝叶可能会突然枯萎。同时根部会略显单薄，建议剪掉过长的枝条重新为其造型。

'喜悦'是绿萝的一个斑锦品种，叶片较小。其强健和耐干燥的程度令人惊讶，气生根越多，生长越旺盛。与个性化的花盆搭配在一起，普普通通的绿萝也能成为室内的亮点。

'雪花葛'也是绿萝的一个斑锦品种。带有花纹的叶片与锈迹斑斑的花盆相得益彰。

悬挂起来的球兰能充分展现其藤蔓的线
条，简单的叶形与繁茂的形态使其成为
一款经典的室内装饰绿植。

球兰属
Hoya

🍃 多数球兰属植物为具有攀缘性的多肉植物，可以缠绕在树干或岩壁之上，叶形和叶色因品种而异。

🍃 球兰又叫"樱兰"，因枝条上开有樱花色花朵而得名。花瓣较厚，质感如蜡，花朵散发着馥郁的芳香。

🍃 光照越充足，球兰的长势越好；植株形态越大，球兰开花情况越好。

🍃 肉质叶片可以储存水分。养护时避免浇水过度和光照不足即可，对新手来说是一种比较友好的
绿植。

<table>
<tr><td rowspan="6">基本信息</td><td>拉丁学名</td><td colspan="3">Hoya</td></tr>
<tr><td>科名</td><td colspan="3">萝藦科</td></tr>
<tr><td>原产地</td><td colspan="3">亚洲热带地区，澳大利亚</td></tr>
<tr><td>光照需求</td><td>全日照</td><td>半日照</td><td>明亮散射光</td></tr>
<tr><td>水分需求</td><td>喜湿</td><td>适中</td><td>微干</td></tr>
</table>

栽培要点

■ 光照

▶ 宜摆放在光照充足的位置，但是盛夏时节过强的光照会晒伤叶片，此时将其放在不受阳光直射的明亮场所比较稳妥。

■ 温度

▶ 耐高温但不耐寒，环境温度保持在7℃即可安全越冬，5℃以下植株将失去活力。

▶ 11月前后宜将栽培在室外的球兰移至室内，摆放在温暖且光照充足的位置。

■ 浇水

▶ 喜干燥，春季至秋季，当叶片开始发皱就应为其充分浇水。为保持叶片平整，可在托盘中存水，将花盆浸泡在水中。

▶ 冬季气温较低，植株生长速度会变慢，浇水频率也应降低。土壤表面变干3~5日之后再浇水即可。触摸叶片感受植物的温度，确保球兰并未受寒后再浇水。

▶ 喜欢湿润的空气，夏季可以用喷雾器为叶片喷水。

▶ 避免土壤过于潮湿，光照不足时尤其要避免浇水过量。

■ 虫害

▶ 光照不足或通风不佳时，植株容易滋生介壳虫。仔细挑选摆放位置，并且通过为叶片喷水来进行预防。

■ 修剪

▶ 植株上开过花的位置每年会重复开花，所以修剪时应避开开过花的藤蔓。此外，尚未开花的藤蔓如果长至1m左右，说明其将要开花，不宜对其进行修剪。

▶ 可以将不开花的藤蔓或是叶片开始变少的藤蔓在9月剪掉，剪掉的藤蔓也能够生根，可用于扦插。

不同种的球兰属植物之间，叶色和形状的差异极大，甚至让人怀疑它们并非同属植物。右上角叶片卷曲的是卷叶球兰；夹有红色叶片的是绿叶球兰锦；叶片呈心形的是心叶球兰的锦化品种；叶片娇小且略泛银色光泽的是银斑球兰。

卷叶球兰叶片弯曲扭转，将其摆放在地面上，用扭动着下垂的藤蔓装饰低处。

心叶球兰因叶片状如心形而得名，我们经常能看见用心叶球兰扦插的盆栽，自由伸展的藤蔓给空间增加了一份自然之感。

金边球兰叶片边缘呈淡粉色，叶脉明显，有一种野性之美，种植在方形的陶器里格外和谐。

澈球兰较为稀少，独特的叶片看起来格外清爽。在太阳的照射下，圆叶的边缘会显出深紫色。

小花在总花梗顶部呈放射状排列，这种花序称为"伞状花序"。球兰花香浓郁、质感独特、姿态可人，因而极受人们喜爱。上图中为卷叶球兰的花朵。

球兰花朵的颜色与形状因品种而异。左侧白色的为裂瓣球兰，红色的为威特球兰。

丝苇属

Rhipsalis

- 丝苇属虽为仙人掌科植物，但和通常所说的仙人掌在形状上大不相同。
- 它们是附生在森林树木上的多肉植物，生长于树荫之下，因此畏惧阳光直射。但具有一定的耐阴性，在偏干燥的土壤中可以更顺利地生长。
- 丝苇属植物众多，形态不一。枝节处会生出根须，因此扦插繁殖也很方便。
- 春季，枝上会绽放白色或黄色的小花，有些会结出粉色或橙色的半透明果实。

下垂的茎枝形状繁多，可以将不同形状的丝苇属植物混合搭配，营造出一种置身于森林的氛围。

基本信息

拉丁学名	*Rhipsalis*		
科名	仙人掌科		
原产地	非洲热带地区、美洲热带地区		
光照需求	全日照	半日照	明亮散射光
水分需求	喜湿	适中	微干

栽培要点

■ 光照

▶ 宜摆放在不受阳光直射的明亮室内或是有纱帘遮挡的光线柔和的地方。即使阳光稍微有些不充足也没关系，但是需要在防范害虫和调节浇水频率方面多加注意。

■ 温度

▶ 喜高温高湿。冬季气温低于 5℃时，浇水后茎叶褶皱变平时即可停止。

■ 浇水

▶ 喜干燥。当土壤表面变干、茎叶变细并出现褶皱时，再为其充分浇水。喜欢湿润的空气，建议偶尔用喷雾器为茎叶喷水。茎叶和根部都能吸收水分。

■ 虫害

▶ 光照不足、通风不良，以及干燥的空气会导致介壳虫的滋生。害虫会寄生在叶片根部，用牙刷刷净后喷洒杀虫剂，再将植物移动到通风顺畅的位置。为叶片喷水可以有效预防害虫。

■ 扦插

▶ 丝苇属植物通常没有修剪的必要，但可以从较长的枝茎上剪下 5cm 左右的部分，待切口晾干后进行扦插。枝节处一旦长出根须就很容易扎根，埋入排水性良好的土壤后浇水即可完成扦插。

罗布斯塔的叶片呈圆形，成串下垂的姿态十分有趣。

五月雨茎枝纤细但坚韧，枝节处绽放的白色小花楚楚可人。

帝都苇形态独特，茎枝向四面八方肆意伸展。搭配木质容器营造出一种植物附生于树上的氛围。

玉柳有一种自然而神秘的美感，它的茎枝厚实，每根长约5cm，呈锁链状串联生长。无论是悬挂还是摆放在架子上，都能彰显其存在感，让人尽情欣赏茎叶的独特之美。

茎部纤细的丝苇喀秋莎能营造出一种轻松的氛围，搭配复古风的花盆，整体又多了一丝帅气。

虽同为细叶丝苇，但青柳（上）的茎枝光滑，而毛果丝苇（下）的茎枝上覆有茸毛。茎枝自由伸展，可以用简约的花盆来衬托，亦可用独特的花盆做出新奇的搭配。

眼树莲属
Dischidia

🍃 眼树莲属为攀缘性附生植物，茎节处生有气生根，可以缠绕在岩石或树木之上。

🍃 叶片小而密集，叶质厚实柔软，因可爱的外形收获了超高的人气。

🍃 生长环境适宜的话，眼树莲属植物能够健康地生长，并且能开出许多小花，不过开花对光照的要求略微苛刻。

🍃 宜摆放在明亮的位置，但不能受到太阳直射，同时确保根部处于略微干燥的状态。

🍃 喜欢湿润的空气，最好用喷雾器仔细地为叶片喷水。

🍃 眼树莲属植物属于多肉植物，在了解多肉植物栽培要点的基础上，试着挑战种植眼树莲属植物吧。

用铁丝将两棵眼树莲属植物固定在墙面上，左边是孟加拉眼树莲，右边是百万心。形态较小的眼树莲属植物能够轻松进行室内搭配。

拉丁学名	*Dischidia*		
科名	萝藦科		
原产地	亚洲东南部，澳大利亚		
光照需求	全日照	半日照	明亮散射光
水分需求	喜湿	适中	微干

■ 光照

▶ 全年都需要摆放在不受阳光直射的明亮位置。如果光照不足，叶片会变黄，然后陆续脱落。根据植物的情况来判断环境是否合适，然后选出最佳的摆放位置。

■ 温度

▶ 耐寒温度约为5℃，生长期环境温度应保持在12℃以上。耐高温，但要保证良好的通风，以避免闷根。冬季建议摆放在温暖的室内。

■ 浇水

▶ 喜欢干燥的土壤，因此盆土不宜过湿，应在土壤全部干燥后再浇水。叶片开始发皱就需要浇水。土壤过湿会导致根部腐烂，无法吸收水分，最终致使整棵植株枯萎。

▶ 喜欢空气湿度较高的环境。开着空调的室内空气非常干燥，叶片有可能会枯萎。建议用喷雾器为整棵植株喷水。

▶ 冬季天气寒冷，植株生长迟缓，需要降低浇水频率，可以在叶片出现褶皱后再浇水。

■ 虫害

▶ 光照不足和通风不良时，植株上有可能会滋生介壳虫。一旦发现，须在不伤害叶片和茎部的前提下将害虫消灭。可以通过为叶片喷水来进行预防。

■ 修剪

▶ 当下垂的枝条过长或是根部的叶片变得稀疏时，可以将长枝剪短，重新进行造型。枝节处能够生出根须，剪去的部分可以用来扦插。

西瓜皮眼树莲的叶片呈椭圆形，其上有纵向的叶脉，略带红色的新芽十分好看。

西瓜皮眼树莲的花朵。在生长环境适宜的情况下，西瓜皮眼树莲能够开出小花，花朵梦幻迷人。

百万心长长的藤蔓上会长出无数小叶，甚是美丽。生长状态好时，枝节处会生出气生根，枝上会绽放出许多白色的小花。过长的藤蔓会导致根部变得稀疏，此时可以适当修剪，让植株形态更加美观。

百万心的叶片呈心形，其上有白色斑纹，如名字一般可爱喜人。摆放位置需要有良好的通风和柔和的光照，比如有纱帘遮挡的透光之处。斑锦品种比较娇弱，需要避免光照不足和通风不畅等问题。

独具个性的绿植

龙血树属
Dracaena

🍃 龙血树属植物拥有丰富的叶色和叶
形，以及纤细曲折的独特树形。其
独树一帜的姿态是其他绿植难以企
及的。

🍃 叶片纤细优美，但在阳光直射下容
易焦枯，或者颜色发生变化，因此
养护时要在光照方面多加注意，并
仔细挑选摆放位置。

这是一棵金黄百合竹。其树形经
由长时间的反复修剪打造而成，
用带有三脚支架的火盆来充当花
盆。绿植与花盆的契合程度对造
型有极大影响。

拉丁学名	*Dracaena*		
科名	天门冬科		
原产地	非洲热带地区，亚洲热带地区		
光照需求	全日照	半日照	明亮散射光
水分需求	喜湿	适中	微干

■ 光照

▶ 龙血树属植物在生长期需要充足的光照，但要避开阳光直射，否则叶片容易被晒伤。有一定的耐阴性，但在全阴环境下叶片可能会萎蔫。

▶ 栽培在室内的龙血树属植物的枝条会朝着太阳的方向弯曲生长，因此需要经常旋转花盆，保持生长的平衡。

▶ 摆放在背阴处的龙血树属植物如果突然移动到阳光下，叶片可能会焦枯。如需改变环境，应在观察植物状态后再逐步移动。

■ 温度

▶ 如果早晨的最低气温低于15℃，则宜将龙血树属植物挪至室内温暖且光照充足的位置，并保持环境温度始终高于5℃。

■ 浇水

▶ 龙血树属植物喜欢略微干燥的环境。在5—9月的生长期，待土壤彻底干燥，表面变白时，再充分为其浇水。当早晨的最低气温低于20℃时，需逐渐减少浇水次数。冬季或全阴环境下，浇水过度会引发根部腐烂，最好等土壤彻底干燥后再浇水。

▶ 水分不足时，叶片会从叶尖开始逐步枯萎。

■ 虫害

▶ 光照不足时，植株上有可能会滋生介壳虫。确保光照的同时还可以通过为叶片喷水来预防害虫。

■ 修剪

▶ 龙血树属植物会不停向上生长，可以剪去过长的枝条，利用新生的侧芽重新造型。修剪应在生长期之前的4月进行，最晚不应晚于5月中旬。这样，植株在年内就能萌发新芽。

▶ 根部生出强势的新芽后，母株的长势将会衰弱。此时可以考虑将新芽摘去，或是用新芽代替老枝。

彩虹千年木的红叶犹如彩虹般鲜艳，回旋了一圈的树干颇为独特。这虽然是一盆小型盆栽，但完美地展现了树干柔软的特点。

这是 3 棵小型的红边龙血树'白色霍利'。良好的光照能使叶色更佳，但强烈的光照也容易晒伤叶片。将几盆小盆栽摆放在一起，可以感受每棵绿植之间微妙的差别。

红边龙血树'洋红'树干粗壮。在明亮的场所中，如果温差较大，叶片会偏向黑色；在光线较暗的环境中，叶片则更浓绿。图中这盆盆栽造型简洁，是经由一次大胆的修剪后制作而成的。

三色龙血树的叶片以绿色与红色为基调，上面带有黄色斑纹。易萌发新芽，新芽柔软易弯，很适合进行精巧的树枝造型。花盆选用了简约的灰色方盆，更好地衬托出了叶片之美。

朱蕉属
Cordyline

🍃 朱蕉属植物与龙血树属植物有些相似，不过原产地不同，生长环境有些许差异。

🍃 朱蕉属植物耐阴性和耐寒性较强，但还是应尽量摆放在光照充足的位置。其栽培方法大体上可以参照龙血树属植物。

🍃 龙血树属植物的须根为红色或黄色，朱蕉属植物则是白色的肉质地下茎，可以通过根部来区分二者。

拉丁学名	*Cordyline*

科名	天门冬科

原产地	澳大利亚、新西兰，亚洲东南部

光照需求	全日照	水分需求	适中

朱蕉属植物适合放置在全年不受阳光直射的明亮位置。其叶色较淡，直射光有可能会晒伤叶片，但光照不足也可能导致叶色黯淡。有一定的耐寒性，不过 10 月下旬仍需将其移至室内。光照不足或通风不佳会引发介壳虫等害虫的滋生。

叶片上带有紫色纹理的紫叶朱蕉。这盆盆栽利用了新芽萌发较快的特点，采取修剪和弯曲的方式进行造型。笔直生长的树干赋予盆栽一种原始的美感。

剑叶铁树弯曲的枝干优雅十足，是一种容易照料的绿植，新手也能够轻松栽培。

叶片上布满了极细的线条，如画作般迷人，仔细观察的话会发现每片叶片的纹路都不相同。

二歧鹿角蕨
Platycerium bifurcatum

- 二歧鹿角蕨别名蝙蝠兰，常附生于树上或岩石上，因其奇特的姿态而受到不少人喜爱。
- 覆盖于根部的叶片为营养叶，而形似鹿角的大片叶片为孢子叶。
- 环境适宜的情况下，新手也能轻松栽培。寻找一处光照充足且高温高湿的地方，然后尽情享受装饰鹿角蕨的乐趣吧！

左上方悬挂的是栽种在椰子壳中的刚购入不久的二歧鹿角蕨，另外两棵也以垂吊的方式装饰在屋内。左下方摆放在架子上的这棵株龄大约已有 10 年。大型二歧鹿角蕨价格较高，所以不如购入一小棵二歧鹿角蕨，然后享受将它养大的乐趣。

拉丁学名	*Platycerium bifurcatum*		
科名·属名	水龙骨科·鹿角蕨属		
原产地	南美洲、非洲、大洋洲，亚洲东南部		
光照需求	全日照	半日照	明亮散射光
水分需求	喜湿	适中	微干

■ 光照

▶ 秋季至春季，可以将植株放在明亮的窗边，不过夏季的直射阳光会导致叶片焦枯，所以适度遮光很有必要。植物缺乏光照的话，生长势头会变差，叶片将发黄或是变为褐色，需根据叶片的状态为其补充光照。此外，不发新芽也是由光照不足导致的。

■ 温度

▶ 喜高温高湿。春季至秋季，可以将植株放在不受阳光直射的室外，10月之后则需摆放在室内。

悬挂在墙壁上的二歧鹿角蕨。土壤外侧的青苔选用了富含水分的水苔，悬挂在空中既能保证通风，又能让茎叶自由生长。

营养叶在春季至秋季生长，它护在根部，贮存水分与养分，老化后会发黄枯萎，仅为自己提供养分。孢子叶在秋季至冬季生长，叶片内侧会长出孢子。

■ 浇水

▶ 春季至秋季，当盆内椰子壳等附生材料表面变干后需充分浇水，频率为每两三日一次；冬季，在附生材料完全干燥后再浇水，频率约为每周一次。

▶ 应向营养叶的内侧浇水。如果是盆栽的二歧鹿角蕨，可以直接将花盆置于装有水的铁桶之中。营养叶的内侧是根系，浇水时需顾及根部，但若根部长期处于濡湿的状态，会导致营养叶腐烂；反之，浇水不足会导致植株发育不良或是枯死。请根据附生材料和孢子叶的情况来判断应如何浇水。

▶ 营养叶中有贮水组织，严寒期无须浇水。

▶ 喜欢潮湿的空气，建议用喷雾器仔细为叶片喷水。

■ 肥料

▶ 生长期内每两个月施加一次缓释性固体肥料，建议施加在层层叠叠的褐色营养叶的内部。如果是盆栽的二歧鹿角蕨，可以在花盆四周放置一些油渣，或者在浇水时一并施一些液体肥料。

■ 虫害

▶ 通风不畅有可能导致叶螨和介壳虫的滋生。另外，通风不畅和湿度过高还会导致植株发霉，浇水过后尤其容易发生此类情况，应及时将植株移动到通风良好的位置。

■ 分株

▶ 母株营养叶的下方会出现子株，当子株的孢子叶超过3片时，在确认根部状况的前提下可以将子株挖出进行移栽。

虎尾兰
Sansevieria trifasciata

- 虎尾兰的叶形与纹理颇为丰富，同时又各具特点，市面上出售的品种也较多。

- 具有耐阴性，植株强健易养活，抗虫害能力也很强，极适合新手栽培。

- 原生长于大树的树荫之下，故而盛夏时节需要避开阳光的直射，冬季休眠期则需要断水。

- 虎尾兰能与各类家居风格相配，如果与花盆搭配得当，甚至能展现出更为新奇的效果。

小虎尾兰的叶片从基部呈放射状散开，与现代风的花盆搭配得当。借用花盆的高度来凸显垂出的子株，让盆栽更具生命的力量。

拉丁学名	*Sansevieria trifasciata*		
科名·属名	天门冬科·虎尾兰属		
原产地	非洲，亚洲南部的热带及亚热带地区		
光照需求	全日照	半日照	明亮散射光
水分需求	喜湿	适中	微干

■ 光照

▶ 建议每天将虎尾兰置于柔和的阳光下数小时。虎尾兰易于繁殖，有耐阴性，但仍需要一定的阳光。但直射的阳光很容易晒伤叶片，因此遮光很有必要。

■ 温度

▶ 夏季耐高温，喜干燥，但要避免环境过于闷热。气温高于 20℃时，植株将进入生长期。耐寒性较差，冬季需摆放在 10℃以上的温暖室内。环境温度低会导致叶色黯淡。

■ 浇水

▶ 叶片能够储存水分，所以应使土壤保持微干的状态。

▶ 春季至秋季，当土壤表面变得干燥后再充分浇水，浇水频率为每周一次即可。但当冬季室外气温低于 8℃时，虎尾兰会进入休眠期，此时需要断水。室内温度如果高于 15℃，可以在天气好的日子浇水。

▶ 若浇水较少，植株不发新芽，有可能是由根部腐烂引起的。

■ 换盆

▶ 如果根系布满花盆，可以在 5—6 月或 10 月进行换盆。也可以通过分株或扦插的方式增加几盆新绿植。在分离子株之前，要确保子株已经生出细根。若打算扦插，可以将地面以上的叶片剪下10cm 左右然后插入土中，摆放在半日照环境中栽培。待叶片发皱、根系长出后再浇水。

这是一盆较为稀少的香蕉爱氏虎尾兰。叶质厚实，叶片左右对开生长。叶尖向上的姿态与高脚花盆的组合甚为优雅。

这盆是小虎尾兰与姬叶虎尾兰的杂交种。蓝色的浅盆与优美的叶尖相得益彰。

锡兰虎尾兰的耐旱性极强，耐阴性也较强。叶质较硬，边缘微卷，用雅致的花盆将叶片的温柔之感衬托得淋漓尽致。

将笔直伸展的小虎尾兰栽种在带有把手的容器中。根据叶片形状来挑选花盆也是不错的选择。

虎尾兰'波塞兰西斯'的叶片形似手指，调皮可爱。将两盆相同的绿植摆放在一起，趣味性也成倍增加，仿佛双手欢迎主人。

东非虎尾兰的特点在于其极为宽大的叶片，每株上能长出多片叶片。叶质柔软，微圆的白色花盆与两片叶片组合在一起看起来仿佛一只小白兔的脑袋。

小棒叶虎尾兰的叶片呈细长棒形。用浅陶盆凸显叶片的修长与植株的高挑。这棵年份颇久的虎尾兰与手工陶器的搭配可谓天作之合。

龙舌兰

Agave americana

 龙舌兰为原产于赤道附近干燥地区的多肉植物。

 不仅能适应白天最高 50℃ 的温度，部分品种甚至可以生长在海拔 1000m 的高山上，可耐受零下 25℃ 的低温。

 龙舌兰生长速度较慢，可能需要数十年才能开花。花谢之后母株将逐渐枯萎，而后被子株代替，是一种颇具神秘色彩的植物。

这两盆龙舌兰的大小适合摆放在桌子上。上方叶片边缘卷曲的是泷之白丝，下方是棱叶龙舌兰，日本人称其花朵为"神之花"。

拉丁学名	*Agave americana*		
科名·属名	天门冬科·龙舌兰属		
原产地	墨西哥，美国西南部		
光照需求	全日照	半日照	明亮散射光
水分需求	喜湿	适中	微干

栽培要点

■ 光照

▶ 全年都应放置在室内光照最充足的位置。缺乏光照会导致叶片羸弱。

▶ 夏季也可以接受阳光直射，但是不要突然从背阴处移动到阳光下，否则植物很容易萎蔫。斑锦品种尤其容易被晒伤，需要多加注意。

■ 温度

▶ 生长适宜温度因品种而异。一般来说，15~20℃是最佳生长温度范围。龙舌兰和仙人掌一样没有休眠期，温度适宜的情况下可以持续生长。

▶ 如果是耐寒性较差的品种，冬季需多加照料。但是也有可以直接在室外越冬的品种。

■ 浇水

▶ 最低气温若高于5℃，那么每月浇水一次即可。若环境温度低于4℃则无须浇水。对于耐寒性差的品种而言，浇水过多反而会损伤叶片。

▶ 通风和光照良好之处，种于微干土壤中的龙舌兰能够健康生长。光照不足时则要注意不能浇水过度。

■ 移栽

▶ 当子株长出之后，可以在5—7月进行分株。基本无须施肥。

礼美龙舌兰的叶片边缘带有黄色条纹，叶片看起来颇为柔软。在简洁的灰色花盆中，叶片显得更加朝气蓬勃。

棱叶龙舌兰如玫瑰花瓣般的大片叶片有着极强的存在感。绝大多数龙舌兰叶片的顶端都带有尖刺。

芦荟
Aloe vera

- 芦荟为多肉植物，叶片带刺，肉质较厚。树干笔直伸展，厚实的叶片呈玫瑰状或扇形展开，其野性的姿态俘获了许多人的心。

- 比较知名的芦荟有木立芦荟和中华芦荟，但其实芦荟有着非常丰富的大小与叶色，可以尽情享受挑选的乐趣。

- 对高温的耐受性强，也有一定的耐阴性，在偏干燥的环境中就能够茁壮生长，很适合新手栽培。

	拉丁学名	*Aloe vera*		
基本信息	科名・属名	百合科・芦荟属		
	原产地	亚洲、非洲		
	光照需求	全日照	半日照	明亮散射光
	水分需求	喜湿	适中	微干

栽培要点

■ 光照

▶ 全年都应摆放在光线良好之处。充足的光照有助于提高芦荟的耐寒能力，但是，盛夏时节需避开阳光直射。有一定的耐阴能力，但仍需避免出现光照不足的情况。

■ 温度

▶ 对夏季高温闷热的环境有较强的耐受能力。耐寒温度约为 5℃，在温暖地区可以在室外越冬，但需要做断水处理。不同品种的耐寒能力存在差异，如果发现叶片受寒，应将其挪入室内养护。

■ 浇水

▶ 使土壤保持微干的状态，当土壤表面彻底干燥后再充分浇水。

▶ 摆放位置会影响植物的吸水能力。当叶片开始发皱或是逐渐直立变细时，代表芦荟处于缺水状态。冬季应该少浇水，可以在温暖的上午浇水。如果在寒冷的地区种植，则可以彻底断水。

■ 修剪和换盆

▶ 下方叶片脱落、树干变长、树形美观度下降时，可以将树枝短截，重新造型。在 25℃ 的环境下修剪为宜，从最下方叶片的 10cm 以下之处剪断树枝，在阴凉处将切口风干一周，再将其插入排水性良好的土壤中，一个月左右就能长出根须。

▶ 木立芦荟和中华芦荟很容易生出子株，因此可以分株繁殖。和上述扦插方式相同，在切口风干之后插入土中即可。

▶ 如果想保持较小的形态就不能频繁换盆。在根部满盆的情况下，叶形也有可能更为紧密。

▶ 换盆时应选择略大一圈的花盆，不要过度修剪细根。注意换盆后的第一周不要浇水。

（左页图）二歧芦荟最高能长至 10m，图中左侧这盆栽有意控制了高度，经过长期栽培，根部已经牢固扎稳，生长速度非常缓慢。右侧这棵树干较粗，但这类粗干也有可能是通过扦插培育出来的。偶尔会出现根系较小的情况，因此需要根据根系的状态来挑选摆放位置。花盆由陶艺家制作而成，可以用花盆将绿植打造成盆景装饰品，也可以配合植物特点选择花盆。

从中心长出厚叶的二歧芦荟非常有魅力。盆栽的二歧芦荟很少会自然分叉。

二歧芦荟的叶片会不断向上生长，然后逐渐枯萎凋落。一段时间后痕迹会消失，茎部变得光滑，与绿叶形成美妙的对比。

这是一株木立芦荟的变种。根部长有许多子株，在子株长出根系之前可以短暂地欣赏其有趣的姿态，根系发育后应进行分株繁殖。

这棵是与二歧芦荟非常相似的多枝芦荟。二歧芦荟高约 10m，树干直径约为 1m，而多枝芦荟在植株矮小时就会分枝，从而形成多干株型。因大小适宜装饰于室内而颇有人气。

波路叶片繁密，叶上有细小茸毛和白色斑点，整齐排列的叶片极具美感，与简单的花盆搭配极佳。

这棵是木立芦荟的突变种，叶片上有迷人的条纹。如果想让带有斑锦的芦荟保持美丽的叶色，一定要避免强光直射。

图中的植物虽同为芦荟，但叶
色、叶形和纹路都大不相同。将
小型芦荟组合搭配时，要与花盆
的风格保持统一，同时利用跳跃
色来突出亮点。如果希望花盆的
色彩和谐，可以考虑选用天然的
芦荟叶与花朵的颜色。

椰子芦荟

不夜城芦荟

芦荟 '奥古斯蒂娜'

索马里芦荟

长生锦芦荟

雪女皇芦荟

黑魔殿

俏芦荟

十二卷属

Haworthia

- 这是一类生长于岩石上或昼夜温差极大的沙漠里的小型多肉植物，有软叶系与硬叶系之分。

- 软叶系的叶片呈半透明状，能够吸收光线，颇为神秘；硬叶系的叶片坚硬锐利，形状十分利落。叶片中央会开出百合科植物独有的花朵。

- 缺水时叶片会变细，寒冷时叶色会失去光彩，对新手而言是一款非常简单易养的植物。

软叶系的水晶掌。半透明的部分被称为"窗"，当光线透过时，叶片犹如玻璃工艺品般美轮美奂。

拉丁学名	*Haworthia*		
科名	芦荟科		
原产地	南非，纳米比亚南部		
光照需求	全日照	半日照	明亮散射光
水分需求	喜湿	适中	微干

■ 光照

▶ 全年都应摆放在有明亮散射光的环境中。夏季需要避开阳光直射。

▶ 春季至秋季可以摆放在室外，但在结霜之前需要挪回室内。长时间沐浴在柔和阳光中的十二卷属植物能够开花。

■ 温度

▶ 适宜温度在 15~35℃，耐寒性较差，若遭遇寒霜，植物将会枯死。栽培在室外的十二卷属植物应该在 10 月下旬搬入室内。

黑色的花盆凸显了软叶片的透明感。为配合叶片的高度与饱满的形状，选择了较深的花盆，其与杂草共生的姿态可爱迷人。

寿宝殿原产于南非开普地区，叶片呈三角形，带有条纹。虽为软叶系，但气质硬朗。

■ 浇水

▶ 浇水频率约为每周一次，水量必须充足，以水从花盆底孔流出为标准。当土壤处于湿润状态时无须浇水。夏季高温期十二卷属植物会休眠，如果仍按相同方式浇水会导致植株腐烂。当气温达到 35℃ 左右时，仅在叶片变细时浇水。

■ 换盆

▶ 生长速度快，每两年应更换一次花盆。如果根部已经从盆底探出，则可以考虑进行分株。

■ 其他

▶ 通风不畅、环境过湿时，底部的叶片会开始腐烂。不及时处理的话，整株植株都将腐烂，因此应尽早将腐烂及变色的部分仔细去除。

▶ 枝叶徒长一般是由过量浇水和光照不足引起的。为防止根部腐烂，应将其移动到光照充足的位置。

▶ 叶片的颜色会因光照和温度发生改变，所以寻找一处能使叶色处于最佳状态的位置摆放吧。

▶ 十二卷属植物不易滋生害虫。

两盆硬叶系的十二卷属植物。鹰爪十二卷（左）的叶片如鹰爪一般向内侧弯曲生长，条纹十二卷（右）的叶片笔直地向四方伸展。

草胡椒属

Peperomia

◈ 草胡椒属植物广泛分布于热带及亚热带地区，约有 1000 种。既有直立茎的，也有攀缘茎的，同时还有少量附生于树木的类型。

◈ 草胡椒属植物可以开出细长的穗状花朵，叶片的颜色与形状五花八门，可供选购的种类也非常丰富。

◈ 喜欢柔和的光线，环境适宜的情况下生长速度极快。栽培方式简单，很适合新手种植。

◈ 许多草胡椒属植物的纹理和形状都相当独特，很适合用来点缀家居空间。

将多个品种混栽在一起的组合盆栽仿佛花坛一般绚烂多彩。由于栽培方法相同，打理起来也非常省心省力。

拉丁学名	*Peperomia*		
科名	胡椒科		
原产地	热带及亚热带地区		
光照需求	全日照	半日照	明亮散射光
水分需求	喜湿	适中	微干

■ 光照

▶ 喜欢柔和的阳光，宜全年摆放在明亮的散射光环境中。全阴环境会导致茎部徒长，叶片也会失去光泽。

▶ 夏季强烈的光照会晒伤叶片，被晒伤的部分将变为黑色，叶片也将完全卷曲起来。

■ 温度

▶ 不适应夏季闷热的环境，因此夏季不要将其摆放在密闭空间中，一定要选择通风良好的位置。

▶ 可以摆放在室外，但夜间温度低于10℃时需要搬回室内。

■ 浇水

▶ 土壤表面变干后应充分浇水，使土壤保持略微干燥的状态。多肉植物的厚叶和茎部都能储存水分，对过湿的环境耐受性不强。如果摆放位置背阴，切忌浇水过度。

▶ 梅雨季至夏季这段时期高温高湿，此时切勿浇水过度。选用排水性较好的赤玉土能有效防止闷根。

这是由人气极高的圆叶椒草制作的大型盆栽。厚重的石盆衬托着郁郁葱葱的直立茎。圆叶椒草属于生长较快的丛生类植物。

左侧图片中后方的是垂椒草，前方的是四棱椒草，栽种于欧式传统花盆中，正好可以作为桌面装饰。

剑叶豆瓣绿的叶片厚实，表面布有叶筋。木质花盆与叶片形成和谐色调的同时，更凸显了绿叶的鲜嫩之感。

这是一株小型皱叶椒草，叶片表面的褶皱是其主要特点。野生的皱叶椒草经常长在缝隙之中，天然材质的花盆正好营造出了这种自然意趣。

圆润的小盆与不同的草胡椒属植物相映成趣，组合成一幅可爱的画面。
从左至右依次为白脉椒草、豆瓣绿、剑叶豆瓣绿、绿谷草胡椒。

通过对植株大小和颜色的错落搭配，打造出出乎意料的草胡椒属植物组合。
从左至右依次为草胡椒'登卓菲娅'、红边椒草、欢乐豆椒草、四棱椒草。

大戟属
Euphorbia

- 大戟属植物广泛分布于温带及热带地区，种类极其丰富。就室内绿植而言，大戟属的多肉植物更受欢迎。
- 大戟属中多数植物的叶片带尖刺，茎叶的切口处会流出有毒性的白色汁液。其之所以具有此种性状，是为了在极端干燥酷热的环境中生存下来，并且保证自己不被草食动物食用。
- 将其摆放在光照充足且略微干燥的环境中最为适宜。

光棍树

夜光麒麟

魁伟玉

大正麒麟

筒腺大戟

基本信息	拉丁学名	*Euphorbia*		
	科名	大戟科		
	原产地	热带及亚热带地区		
	光照需求	全日照	半日照	明亮散射光
	水分需求	喜湿	适中	微干

栽培要点

■ 光照

▶ 喜光照，虽然在明亮散射光下也可以生长，但如果想改善开花情况，尽量将其摆放在全日照环境中。

■ 温度

▶ 耐寒性较差，冬季需要搬入室内养护。有叶的大戟属植物在低温条件下会落叶，而后进入休眠期。能够休眠的大戟属植物耐寒性相对较强。

■ 浇水

▶ 春季可以多浇一些水，但夏季土壤应保持微干状态。春秋两季每隔 5~10 日浇一次水，夏季每隔 10~20 日浇一次水。浇水要足量，以水从花盆底孔流出为基准。

▶ 气温较高时，植物对湿度较高的环境和过量的肥料的耐受性都较差，应提前改善土壤的排水能力。

▶ 冬季，多余的水分会使植物受寒，浇水频率应降至20~30 日一次，并且应在温暖的日子进行，此时要确认肉质叶片部分温度是否过低。如果放在室外养护，或是出现叶片凋落的情况，应停止浇水。

■ 其他

▶ 点状分布的生长点突然变异为带状，这种现象称为缀化或石化，多发生于大戟属等多肉植物及仙人掌科植物中。这类变异比较少见，变异植株因独特的形态而颇受喜爱。

石灰质地的花盆中栽种着小型大戟属绿植。图中的膨珊瑚为缀化品种。

墨麒麟

勇猛阁

膨珊瑚

硬叶麒麟

贵青玉

苏铁麒麟

群铁瘤玉

乳白色茎大戟是帝锦的锦化品种，枝茎仿佛涂上了一层白色液体，独特的姿态吸引了不少人的视线。用明亮的灰色花盆来衬托白色的枝茎。夏季需避开阳光直射，放在光线柔和之处，同时注意不要浇水过量。

绿玉树，别名"青珊瑚"，是大戟属中人气较高的一种植物。耐阴性较强，在柔和的光线中就能茁壮生长。在自然环境中可以长成高达数米的乔木。

在长条形的花盆中混栽多种大戟属植物，仿佛能听到它们聚在一起叽叽喳喳地说话。

多姿多彩的块根植物

块根植物是一类拥有木质化粗壮根部的植物。

粗大的根部如同储水罐一样可以储存水分，为了在干燥的土壤中存活下去，它们的根部无比发达。宜摆放在光照充足的位置，冬季需小心避寒。春季至秋季待土壤彻底干燥后再浇水，冬季则每月浇水一次即可。

多数块根植物生长缓慢，有着如同艺术品般的魅力，深受收藏家们喜爱。

象牙宫

拉丁学名	*Pachypodium rosulatum*
科名·属名	夹竹桃科·棒锤树属
原产地	非洲
光照需求	全日照　水分需求　微干

圆润的块根上如手指一般的枝干让人觉得颇有亲切感。低温下有可能会出现叶片掉落的情况，但在春季至夏季会再次长出。休眠期枝干上无叶，应停止浇水。

简叶麒麟

拉丁学名	*Euphorbia cylindrifolia*
科名·属名	大戟科·大戟属
原产地	马达加斯加
光照需求	全日照　水分需求　偏干

枝枝从鼓起的块根上向四面八方伸展，白色的树干与银绿色的叶片相互映衬。枝干的姿态令人印象深刻，树形也甚是丰富。春季会绽放出淳朴可爱的米色小花。

睡布袋

拉丁学名　*Gerrardanthus macrorhizus*
科名·属名　葫芦科·睡布袋属
原产地　南非东部
光照需求　全日照　水分需求　微干

略泛绿色的块根如同一个圆滚滚的肚子，图中为睡布袋的锦斑品种。细长的枝条上长着柔软的叶片。种植在朴素花盆中的小树，让人联想到非洲的绿洲。

火星人

拉丁学名　*Fockea edulis*
科名·属名　萝藦科·水根藤属
原产地　南非
光照需求　全日照　水分需求　微干

火星人多生长在干旱的草原中或岩石之上，当地人将其作为一种食物。块根的顶端会长出藤蔓，既可以任其自由生长，也可以修剪造型。

通过修剪促使瓶树笔直的枝干分叉，
让树枝像在自然环境中一样舒展开来。

趣味十足的根部与自然的树形
构成了绝妙的平衡，充分展现
出了造型的价值。

瓶树

拉丁学名 *Brachychiton rupestris*
科名·属名 梧桐科·酒瓶树属
原产地 澳大利亚
光照需求 全日照　**水分需求** 微干

喜欢充足的光照，缺乏光照会导致植株生长停滞、
长势衰弱并滋生害虫。树干能够储存水分，待土壤
干燥后再浇水即可。冬季应在土壤变干三四日之后
再浇水。

断崖女王

拉丁学名　*Sinningia*
科名·属名　苦苣苔科·大岩桐属
原产地　巴西
光照需求　全日照　水分需求　微干

断崖女王有着绒毯般的叶片和浅橙色的花朵，选
用了同色系的粉色花盆与之搭配。其原本生长于
高温高湿地区的岩石或悬崖的洼地上，这类位置
的排水能力一般较强。我们应将其摆放在光照良
好的位置，春季至秋季需充分浇水，冬季则应断
水。断崖女王不适应闷湿的土壤，注意不要让块
根中留存水分。

拥有独特叶色与纹理的植物

所谓观叶植物，指供人欣赏叶片的形状与色泽的植物。

其实，自然界中存在着大量拥有迷人色彩和纹理的植物。在此仅为您介绍其中极少的一部分。让我们来欣赏这些植物的魅力，感受自然之神秘吧。

孔雀竹芋

拉丁学名	*Goeppertia makoyana*
科名·属名	竹芋科·肖竹芋属
原产地	美洲热带地区
光照需求 半日照	水分需求 适中

许多竹芋科植物叶片的纹理都颇具异域风情。其中，孔雀竹芋的纹理非常罕见，看起来仿佛叶片之中又包含着叶片，叶片正面为绿色，背面为红色，强烈的反差也很是有趣。强光会晒伤叶片，尽量将其摆放在不受阳光直射的明亮室内。耐寒性差，冬季需要保证一定的温度与湿度。

变叶木

拉丁学名　*Codiaeum variegatum*
科名·属名　大戟科·变叶木属
原产地　亚洲东南部
光照需求　全日照　　水分需求　适中

变叶木为灌木，其叶色多彩，叶形优雅。纹理因品种而异，颜色由红、黄、绿等色混搭而成。喜光照，充分沐浴阳光的叶片颜色会更加浓郁鲜艳。耐寒性较差，冬季需摆放在10℃以上的室内空间。

多蒂彩虹肖竹芋

拉丁学名　*Goeppertia roseopicta* 'Dottie'
科名·属名　竹芋科·肖竹芋属
原产地　美洲热带地区
光照需求　半日照　　水分需求　适中

黑色叶片上的粉红色鲜艳条纹十分夺目，是一种非常稀少的精致植物。叶片背面为紫红色。栽培方法可参照孔雀竹芋。

[左]
波纹凤梨

拉丁学名　*Vriesea hieroglyphica*
科名·属名　凤梨科·丽穗凤梨属
原产地　巴西
光照需求　半日照　　水分需求　适中

这是一种能长至1m左右的大型凤梨科植物。成熟的植株会长出花茎，开出淡黄色的花朵。耐寒性较差，冬季应摆放在光线良好的室内；夏季应避开阳光直射。横纹叶片与竖纹花盆的奇妙组合更加映衬出叶色的独特。

浇水方式较为特别——除了为土壤浇水之外，还需要在筒状的叶片中间浇水。不过气温较低时植物容易受冻，此时叶中不宜存水。

斜纹粗肋草

拉丁学名	*Aglaonema commutatum*
科名·属名	天南星科·广东万年青属
原产地	亚洲热带地区
光照需求 半日照	水分需求 微干

有直立茎、匍匐茎和攀缘茎等不同的类型，叶片纹理也样式繁多。喜欢不受阳光直射的明亮处及高温高湿的环境。有一定的耐阴性，但缺乏光照会引发病虫害，所以选择摆放位置时需留心光照情况。土壤表面变干后应充分浇水，浇水过度会导致枝茎徒长。

秋海棠属

拉丁学名	*Begonia*
科名	秋海棠科
原产地	热带及亚热带地区
光照需求 明亮散射光	水分需求 微干

秋海棠属中包含很多杂交的栽培种。茎部和仿佛手掌般的叶片上都覆有一层薄薄的白毛。灰绿色的叶片略微泛红，颜色很是稀有。此外秋海棠属植物还能开出惹人怜爱的花朵。土壤变干后需要充分浇水，但是通风不畅和土壤过湿会导致茎部腐烂，因此浇水后一定要将其移动到通风良好的场所。避免阳光直射，明亮的散射光能使叶色保持美丽动人的状态。

黑叶观音莲

拉丁学名	*Alocasia Amazonica*
科名·属名	天南星科·海芋属
原产地	亚洲热带地区
光照需求 明亮散射光	水分需求 微干

海芋的栽培种，带有光泽的绿叶上有银白色的叶脉，是海芋中购买量最大的一种，在初夏满目的绿色中格外光彩夺目。养护时要避免浇水过度，并且摆放在不受阳光直射的明亮位置。冬季务必挪入温暖的室内。

网纹草

拉丁学名 *Fittonia albivenis*

科名·属名 爵床科·网纹草属

原产地 南美洲

光照需求 半日照 水分需求 微干

网纹草状如其名，美丽的叶脉如网纹一般覆盖在叶片之上。生长期会不停长出新的叶片，植株会变得非常繁茂，因此保证通风是十分有必要的。如果植株过于茂盛，可以摘去顶芽让侧芽生长，使植株形态更加圆润。全年都需要避免受到阳光直射，但光照不足会导致叶片赢弱。畏寒，冬季应摆放在温暖的室内。

更多园艺好书，关注绿手指园艺

近百种室内人气绿植养护图鉴，
从选购、种养到搭配、应用全掌握。

挑选·栽培·装饰，
用绿植打造富有生机活力的润泽空间。

解锁绿植新玩法，
用苔玉打造悬于空中的室内花园。

板植 × 垂直空间，
为墙壁添上绿色的外衣。